# 山羊
## 标准化养殖
## 操作手册

**畜禽标准化生产流程管理丛书**

丛书主编　　印遇龙　武深树

主　　编　　唐　炳　罗冬生　印遇龙

副 主 编　　郑姣妹　武深树　李安定

编　　者　　向海琼　汤少勋　刘红南　王承义

　　　　　　陈　珍　陈　莎　王晓娟　刘　浩

　　　　　　陈宇明　王　洁　李　熙　胡鹏辉

　　　　　　扶亚祥　吴天晓　朱　振　邹建曾

　　　　　　任　杰　黄远强　罗昭海　张　莉

　　　　　　唐文觉　石顺翠

 湖南科学技术出版社

# 内容提要

　　本书重点介绍了山羊标准化生产管理过程中的羊舍建设、养殖场管理、山羊繁育、饲草栽培及贮存、山羊饲养管理、日常防疫、常见疾病诊断与治疗、山羊场粪污无害化处理等内容，具有非常强的操作性和实用性。本书可供从事山羊标准化养殖的管理人员、饲养人员和技术人员学习参考，也可供农业院校畜牧兽医专业师生及政府相关部门从事山羊生产管理工作的人员阅读。

# 前　　言

　　山羊全身是宝。山羊肉质细腻，蛋白质含量高，胆固醇含量低，是心血管疾病患者的理想肉食；羊奶营养成分高且易于消化吸收，能促进儿童生长发育；山羊板皮是优质的制革原料；羊血、羊肠等是良好的医药原料；羊粪是优质的有机肥。此外，山羊是一类草食性动物，适合在山区进行规模化养殖，能将廉价的牧草和秸秆转化成营养丰富的肉、奶等食品。山羊具有投资少、收益高的特点，因此越来越多的养殖户选择饲养山羊。但是目前由于养殖户饲养技术不到位、生产管理不完善、疫病防治不力等原因，造成山羊成活率低、生长缓慢，使得山羊不能规模化养殖，出栏量远远小于市场需求。

　　目前，山羊养殖技术方面的书籍很多，论述也很系统，但全面系统介绍山羊标准化养殖过程中实际操作和管理流程的书籍较少。为了适应我国山羊标准化养殖发展的需要，笔者组织在山羊生产一线的专家编写了《山羊标准化养殖操作手册》，重点介绍了山羊标准化生产管理过程中的山羊养殖场的规划与建设、山羊的品种与选育、饲料加工与利用、山羊的饲养管理、山羊的防疫与常见病防治、羊场粪污的无害化处理和资源利用等内容，具有较强的针对性、操作性和实用性。相信本书的出版对提高山羊标准化养殖的技术能力、管理能力，促进山羊效益的提升具有重要意义。

# 目　录

# 第一章　山羊养殖场的规划与建设

## 第一节　山羊养殖场规划建设相关法规

山羊养殖场（户）一般很少了解和熟悉相关的法律法规，但符合相关法律法规的要求是山羊养殖场（户）合法化、规范化的前提条件。从事山羊养殖需要了解《中华人民共和国畜牧法》《中华人民共和国动物防疫法》《兽药管理条例》《饲料和饲料添加剂管理条例》等法律法规，确保山羊养殖事业的健康有序发展，为企业长远发展提供有力保障。

### 一、如何办理土地使用证

依据《国务院关于促进畜牧业持续健康发展的意见》（国发〔2007〕4号）文件和国土资源部、农业部《关于促进规模化畜禽养殖有关用地政策的通知》（国土资发〔2007〕220号）文件规定，进行山羊规模化养殖用地，必须到土地规划管理部门办理备案手续。用地要尽量利用废弃地和荒山荒坡等未利用土地，尽可能不占或少占耕地，禁止占用基本农田。

规模化山羊养殖在选择好场址后，首先应到土地管理、规划部门办理土地使用的相关手续。土地使用性质有工业用地、商业用地、养殖用地等，一定要登记为养殖用地。当养殖用地确定后，不得擅自将用地改变为非农业建设用地，一般征税是按照土地用途定性的，而养殖企业是免税的。

畜禽养殖个人与被用地的农村集体经济组织或土地承包经营权人签订农村土地出租、转包合同，占用耕地的，还应写出复耕保证书。

畜禽养殖个人持项目备案表、土地出租或转包合同、标有尺寸的平面布置图、位置图（涉及占用耕地的还应出具复耕保证书）等文件资料，到国土资源部门办理农用设施用地备案手续，经审核同意的予以用地备案。

二、如何办理企业法人营业执照

山羊规模养殖场（户）首先要确定是个体还是公司，无论哪一种都须先到当地政务服务中心核准山羊养殖场、合作社（或公司）的名称。然后拿着名称核准通知书办理企业法人营业执照。营业执照是山羊养殖企业或组织合法经营权的凭证。营业执照的登记事项为：企业名称、企业地址、法人代表、资金数额、公司类型、经营范围、注册资本、成立日期、有效期限等。营业执照分正本和副本，二者具有相同的法律效力。正本应当置于公司住所或营业场所的醒目位置，营业执照不得伪造、涂改、出租、出借、转让。企业法人营业执照每年还需要到当地工商行政主管部门进行年检。

三、如何办理《动物防疫条件合格证》

依据《中华人民共和国动物防疫法》第十九条、第二十条及《动物防疫条件审查办法》（农业部令〔2010〕第 7 号）有关规定，规模养殖、供种企业必须办理《动物防疫条件合格证》，否则不能进行种畜禽场的验收与经营。

办理《动物防疫条件合格证》需要以下申请材料并按照要求打印、整理、装订成册：

（一）《动物防疫条件合格证》：如实填写申办单位及场所的基本情况（单位名称、法人代表、企业性质、经营范围、单位地址、人员配置、主要防疫措施等内容）。

（二）场所地理位置图、各功能区布局平面图：能够反映出山羊场区规划设计特点、隔离防疫设施位置、羊舍位置及其距离等内容。

（三）设施设备清单：包括进入山羊场生活区和生产区的消毒池、消毒室、兽医室、隔离区、病死山羊处理设施、粪尿处理设施、污水处理设施、羊舍内景和外景照片及其功能说明资料。

（四）管理制度文本：养殖档案、人员岗位责任制度、消毒制度、免疫制度、疫情报告制度、检疫申报制度、无害化处理制度、畜禽标识制度、安全用药制度、安全生产制度等。

（五）人员情况：包括养殖场人员情况、兽医人员学历证明、培训证书、资格证明、饲养人员的健康证明等材料原件及复印件。

（六）工商营业执照复印件、农用设施土地备案登记表复印件。

（七）环境影响评估文件（项目建设环境影响报告书或项目建设环境影响登记表）。

四、如何办理《种畜禽生产经营许可证》

依据《中华人民共和国畜牧法》（2005 年主席令第 45 号发布）第二十二条、国务院《种畜禽管理条例》、农业部《种畜禽管理条例实施细则》和各省、自治区、直辖市管理办法，从事种畜禽生产经营应当取得《种畜禽生产经营许可证》。

**（一）条件要求**

场址的地势、交通、通信、水源、能源和防疫隔离条件良好；办公区、生活区、生产区、隔离区、无害化处理区等分开；种山羊舍布局合理，并按照不同生长阶段合理设定各类功能羊舍；种山羊舍的建筑设计符合动物防疫要求，采光、通风良好；生产区内净道和污道分开设置，有粪污排放处理设施和场所，保证污染物达标排放，防止污染环境。

有符合以下规定的群体规模和相应的繁育设施设备。种羊场应当有与生产经营规模相适应的青粗饲料来源，或有足够的放牧场地或饲料地和青贮池（窖）等配套设施。应当达到的群体规模：

1. 原种场：单品种一级基础母羊 100 只以上。

2. 扩繁场：一级基础母羊 200 只以上。

**（二）申请材料**

种羊供种企业办理《种畜禽生产经营许可证》，由申请人向县级以上畜牧兽医行政主管部门提出申请并需提供以下材料：

1.《种畜禽生产经营许可证》申请表。

2. 申请报告。主要内容包括按照各省市《种畜禽生产经营许可证》管理办法的基本条件详细说明，如企业简介、基本情况（场址、占地面积、羊舍建筑及布局、饲养、选育、防疫、粪污处理及设施设备等情况）、技术力量、种畜禽来源及群体规模，按品种、性别分别详述其来源（出示引种证明原件和复印件）、规模及血缘或家系数、种畜禽选育及生产性能、种畜禽质量管理及保证措施等。

3. 动物防疫合格证（原件和复印件）。

# 第二节　山羊场的建设与配套设施

　　山羊场的建设是山羊生产中的主要物质基础，山羊场与山羊的生产性能、繁殖性能、健康状况有着密切关系。因此我们要根据山羊怕湿、怕脏的习性，修建能防寒避暑、防潮湿、防雨淋、经济耐用，既能利于积肥，又能预防疫病传染的山羊场。

## 一、羊舍整体区域规划

### （一）场址选择

　　1. 山羊场地址需选择在地势较高、土壤干燥、通风良好、排水便利、阳光充足、远离人群、易于组织防疫的地方，避免在低洼涝地、山洪水道、冬季风口处建造。另外，山区修建羊舍时，要注意选择背风向阳的地方。

　　2. 场址用地应符合《中华人民共和国畜牧法》非明令禁止区域，并符合相关法律法规及当地土地利用规划的要求。此外，山羊场的选址还要注意选择交通便利、水源优良、电力充足的地方。

　　3. 山羊规模养殖场整体建设布局需科学合理，实现人畜分离，且设置生活管理区、生产区、废弃物无害化处理区，各区之间应相互独立，用绿化带或围墙隔开，并保持一定的距离；生产区应建在生活管理区的下风向或侧风向处，废弃物无害化处理区应建在生产区的下风向或侧风向处。

　　4. 山羊规模养殖场必须搞好绿化，保持清洁卫生；净道和污道严格分开，互不交叉，人员、山羊和物资运转应采取单一流向。

### （二）山羊场规划与布局

　　山羊场的规划同生产效率和疾病防治密切相关，所以要统筹考虑山羊场的规划。具备经济条件的可按照畜禽规模养殖场建设规范和畜禽养殖污染防治技术规范进行规划设计，并编制规划平面图、施工设计图和建设总体方案（包括养殖畜禽种类和规模、粪污处理利用模式、环保设施配备情况、动物防疫设施设备配备情况等），生产区和生活区要分开。要求地势较高、排水良好、能看到全场的其他房舍。交通便利，舍前舍后均有通道。生活区应安排在上风头处，羊舍朝向有利于采光。山羊场应设有公羊舍、母羊舍、产仔羊舍、育肥羊舍、隔离羊舍，饲料仓库、饲料加工车间、兽医室和贮粪池等。

布局要求：在修建多栋羊舍时，应注意长轴平等配置，前后对齐。各个羊舍之间也要有10～50米的间距，以便于饲养管理和采光，也有利于防疫。山羊舍向阳面或两侧留有平坦、具有5～10度小坡度及排水良好的运动场。

## 二、羊舍建筑及其布局

羊舍的建设必须给山羊创造一个舒适的环境，避免不良气候的影响。要因地制宜，取材方便，坚固耐用，经济适用，方便管理。

（一）地面要求：羊舍地面应该高出舍外地面30厘米以上，地面要致密、坚实、平整、无裂缝，并且由里向外有一定的倾斜度，以便排出羊舍内的羊粪、尿液和污水。采食和排泄的地方，按建筑材料不同有土、砖、水泥和木质地面等。土地面造价低廉，但遇水易变成烂泥，山羊易得腐蹄病，只适合于干燥地区。砖地面和水泥地面较硬，对羊蹄发育不利，但便于清扫和消毒，应用最普遍。木质漏粪地面最好，但成本相对高一些。

（二）面积要求：羊舍应有足够的面积，使羊在舍内不太拥挤，可以自由活动。拥挤的羊舍不但舍内潮湿、污秽、空气不好，有碍羊只健康，而且在这种羊舍中，饲养管理也不方便。

（三）高度要求：羊舍空间高度应视饲养地区、气候条件、羊舍类型和羊只数量而定。温暖地区，为夏季散热，空间高度2.8～3米；寒冷地区空间高度2.4～2.8米。羊数越多，羊舍应适当高一些，以保证充足空气，一般顶高4米左右，檐高2.5～3米。

（四）墙体要求：墙体对羊舍的保温与隔热起着重要作用，一般多采用土、砖和石等材料。近年来建筑材料发展很快，许多新型建筑材料如金属铝板、钢构件和隔热材料等，已经用于羊舍建筑中。用这些材料建造的羊舍，不仅外形美观，性能好，而且造价也不比传统的砖瓦结构建筑高多少，是山羊规模化健康养殖羊场建筑的发展方向。总之，羊舍墙体要坚固耐用、耐火，表面要光滑、易除污和消毒。

（五）屋顶要求：屋顶应具备防雨和保温隔热功能。挡雨层可用陶瓦、石棉瓦、金属板和油毡等制作。在挡雨层的下面，应铺设保温隔热材料，常用的有玻璃丝、泡沫板和聚氨酯等保温材料。

（六）窗户要求：羊舍窗户应保证舍内有足够的阳光，以保证羊舍内卫生。羊舍有效透光面积占羊舍地面面积的5%～10%。一般窗户离地面高度1.5～1.6米。

### 三、羊舍配套设施

羊舍的设备包括舍内和舍外两部分。内部设备包括羊床、饲槽、供草架、饮水槽、母仔栏、羔羊补饲栏等；外部设备包括运动场、羊场附属房舍，如饲料室、储藏室、青贮池、药浴池等。下面重点介绍其中几项主要设备。

（一）羊床：羊舍内架设离地羊床是南方多雨潮湿地区养羊的常见做法，是确保羊只健康发展的一项重要措施，也是区别于干燥地区养羊的独特之处，羊床离地面的距离应在0.5米以上，羊床底板可用水泥、木料、木条或竹条。用水泥板条，表面应光滑，用木竹条必须结实，厚薄、宽窄均匀，表面要铲平；用小竹或竹片板条，竹节要修平，粗细一致。不论采用哪种板条材料，其羊床底板间隙以能使羊粪下落为原则，一般1～1.5厘米（一指宽）为宜，不要过宽或过窄，过宽容易引起山羊骨折，过窄羊粪落不下，不利于羊床清洁卫生。为了便于分群管理，在羊床上面可用90厘米长的板条分成隔栏，隔栏面积大小根据羊只数量而定。在隔栏的正面架设饲槽。饲槽上面的隔栏板条间隙，以能使羊头伸出采食为原则。

（二）饲槽和供草架：饲槽和供草架是舍饲养羊的必备设施，用它喂羊既节省饲料，又干净卫生。可以用砖、石头和水泥等砌成固定的饲槽，也可用木板做成移动的饲槽。饲槽有两种形式，一种是饲槽中央砌成圆锥体，饲槽围圆锥体环绕一周，在槽外沿砌一带有采食孔、高50～70厘米的砖墙，可使羊分散在槽外四周采食；另一种为长条形饲槽，可在饲槽的一边（站羊的一边）砌成可使羊头进入的带孔砖墙，或用木头做成带孔的栅栏，供羊采食。孔的大小依据羊有角与无角可安装活动的栏孔，大小可以调节。

供草架是用来饲喂青草的盛草用具，可以用木材、竹条和钢筋等制作。第一种是简易供草架，先用砖、石头砌成一堵墙，或直接利用羊圈的围墙，然后将数根1.5米以上的木杆或竹竿埋入土墙，上端向外倾斜25度，并将各个竖杆的上端固定在一根横棍上，横棍的两端分别固定在墙上即可。第二种是木制活动供草架，先做一个高1米、长3米的长方形立体框，再用1.5米高的木条制成间隔12～18厘米"V"字形的装草架，然后将供草架固定在立体木框之间即可。第三种是固定式长方形饲槽，一般设在羊舍或运动场上，用砖石和水泥砌成长条状。为便于清洗，多采用圆底式，并留有一定坡度。靠近羊的一侧设钢颈枷，便于固定羊位，颈枷的宽度根据羊的个体大小而定。长方形饲槽主要饲喂精料、青贮料和碎草等。第四种是羔羊哺乳饲槽，这种饲槽是种圆形铁架，用钢筋焊接成圆孔架，每个饲槽一般有 10 个圆形孔，每个孔放置搪瓷碗一个，用于哺乳期羔羊的哺乳。

（三）药浴池：是给山羊定期进行药浴防治体外寄生虫的设施。药浴池为长方形，是狭而深的水沟。用水泥、砖砌成，外面用水泥抹光，不渗漏。药浴池入口一端修成陡坡，出口一端则建成缓坡并且有密集的台阶，便于羊登走，不致滑倒。入口一端设羊围栏，羊群在此等候入池。出口一端设滴流台，让羊出浴后停留一段时间，将身上多余的药液从滴流台流回池内。羊围栏和滴流台都要修成水泥地面。

（四）运动场：羊舍紧靠出入口应设有运动场，运动场也应地势较高、干燥、排水良好。运动场的面积可视羊只的数量而定，但一定要大于羊舍，能够保证羊只的充分活动。运动场周围要用墙围起来，周围栽上树，夏季要有遮阴、避雨的地方。

（五）饮水槽：一般固定在羊舍或运动场上，可用镀锌铁皮制成，也可用砖和水泥制成。在其一侧下部设置排水口，以便清洗水槽，保证饮水卫生。水槽高度以羊方便饮水为宜，可用水泥砌成上宽下窄的槽，上宽约 30 厘米、深约 25 厘米。水泥槽便于饮水，但冬季结冰则不能正常饮水，也不容易清洗和消毒。用木板做成的饲槽可以移动，克服水泥槽的缺点，长度可视羊只的多少而定，以搬动、清洗和消毒方便为原则。

（六）青贮壕和青贮窖：应选择在地势高、干燥、向阳、排水良好、距羊舍近、取喂方便、没有粪场、无污染源的地方。建筑结构可根据经济条件和土质选用砖、石块、混凝土或土质结构，容积大小根据山羊数量和原料情况确定。青贮壕的形状一般为长方形壕沟，青贮窖的形状一般为圆筒形或长方形，窖的深浅、大小可根据养羊的数量、饲喂期的长短和需要贮存的饲草数量进行设计，一般每立方米窖可青贮 500 千克左右玉米秸秆。青贮窖的窖体由水泥建成，青贮窖底部在地面以上或稍低于地面，整个窖壁和窖底都用石块或砖砌成，内壁用水泥抹面，使之平直光滑。窖底从一端到另一端要有一定的坡度，或建成锅底形，以便排出过多的汁液。除有一定坡度外，窖的四周应有较好的排水道，防止渗水，特别要防止地面水从一端的入口处灌入。同时，窖的高度要合适，不能过高，过高则会使装料和踩实困难。装满并压实秸秆后，侧面用竹胶板封闭，上覆盖塑料薄膜并加盖土密封，防止空气进入。不具备建设青贮窖的地区，也可采用塑料薄膜包裹约 40 千克秸秆制成袋式青贮，制作时同样要压实扎紧，防止漏水漏气。

# 第三节　新建羊场注意事项

## 一、饲草准备

根据羊场附近的地形与饲草生长情况做好前期调研和准备工作。在以放牧为主要饲养方式的情况下，植被较好的地区、平原地区按照每 1 亩（1 亩≈667 平方米）地饲养 1 只成年山羊，丘陵地区每 3 亩山地饲养 1 只成年山羊，石山地区每 5～10 亩饲养 1 只成年山羊。通过草地改良、种植优质牧草、收割田间牧草补饲等，承载量可以增加 1 倍以上。舍饲为主的地区，在办场之前要认真调研草料来源，储备充足的原料，有条件的应建设与羊场配套的青贮窖。

## 二、人员准备

要办好一个山羊养殖场一定要有懂饲养管理和兽医技术的人员，这是羊场健康发展的前提条件，另外饲养人员必须通过专业培训或有一定养羊实践经验。不可在人员不整齐或不熟悉养羊的情况下盲目建场。

## 三、养殖规模规划

山羊养殖的规模取决于养殖场（户）的饲草面积、投资能力、市场价格、饲养管理水平和公母羊比例等诸多因素。实践表明，能繁母羊饲养的最小规模不宜低于 20 只，最好在 30 只左右；对于专门从事羔羊育肥的专业大户养殖规模控制在 150 只左右为宜。

## 四、建场季节的选择

建场季节要避开冬季和多雨季节，避免原材料变质、损坏。

### 五、合理放牧与分群饲养

（一）牧地选择：放牧场地应随季节变化轮换使用，草地与灌木地交替放牧，实行轮牧、休牧制度。放牧区应有清洁的水源。

（二）放牧要求：一般为下午放牧，时间不少于 4 小时。冬、春初应晚出早归，遇雨雪寒冷时停止放牧；春季放牧前应补喂适量青干草，防止采食水分含量高的青草，导致羊只腹泻、胀气；夏季宜早晚放牧，以防中暑，遇大露水天早上应推迟；秋季放牧早出晚归。

（三）分群饲养：放牧羊群不宜超过 150 只。由于种羊、妊娠母羊和羔羊的生产目的不同，对饲草饲料质量和饲养管理条件有着不同的要求，混养容易造成羔羊营养缺乏，使育肥期延长，进而增加饲养成本；种公羊乱交滥配，影响其利用率，甚至导致羊群的整体退化。因此，应当根据生产的目的、要求和年龄结构对羊群进行合理分群饲养。

# 第二章　　山羊的品种与选育

## 第一节　　山羊的品种

山羊全身都是宝。山羊肉味鲜美，蛋白质含量丰富，脂肪和胆固醇含量低，是人类重要的肉食品之一；山羊奶的脂肪含量比牛奶低，容易消化吸收。因此，山羊肉、奶是人类尤其是中老年人、儿童和高血压、心脏病患者的理想食品，古人将其列为珍贵补品。山羊皮是高档皮革制品的重要原料。

### 一、山羊的品种分类

世界各地山羊的品种很多，全世界已形成的山羊品种有 150 多个，按经济用途可分为肉用山羊、奶用山羊、绒用山羊、毛用山羊、皮用山羊和普通山羊 6 类。

#### （一）肉用山羊品种

肉用山羊是以生产山羊肉为主的品种。肉用山羊品种主要有国外引进的波尔山羊，国内的肉用山羊品种有浏阳黑山羊、南江黄羊、马头山羊、成都麻羊、海门山羊、都安山羊、福清山羊、雷州山羊、贵州白山羊等。肉用山羊的典型外貌特征是：具有肉用山羊的"矩形"体形，体躯低垂，全身肌肉丰满，毛发细致疏松型表现明显。早期生长发育快。产肉量多，肉的品质好。

#### （二）奶用山羊品种

奶用山羊是以生产山羊奶为主的品种。国外引进的优良山羊品种有瑞士萨能奶山羊、德国更森奶山羊、瑞士吐根堡奶山羊、非洲努比奶山羊、美国小耳拉曼查奶山羊、印度加姆拉巴里奶山羊等；国内的山羊有崂山奶山羊、延边奶山羊、关中奶山羊、广州奶山羊、滨北奶山羊、成都奶山羊等。奶用山羊的典型外貌特征是：具有奶用家畜的"楔形"体形，轮廓鲜明，毛发细致紧凑型表现明显，产乳量多，奶的品质好。

选择高产奶山羊要求无角、鼻孔大、四肢直而强壮、胸深宽、胸围大，整个体躯呈"楔状"。公羊雄性特征明显，睾丸对称、大小适中，显得精力充沛，全身结构粗犷，无过肥迹象。母羊性情温驯；乳房发育良好，附着面面积大，左右两边对称，无纵沟；后视乳镜呈圆形，奶头大小适中、间距应大。羔羊要求体高，健康，四肢粗壮，头长额宽，眼大有神，耳长而薄，鼻直嘴方。公羔睾丸发育良好，母羔乳头 1 对且匀称，初生重母羔 3 千克以上，公羔 3.5 千克以上。

**（三）绒用山羊品种**

绒用山羊是以生产山羊绒为主的山羊品种。我国的绒用山羊品种多，分布广泛。产绒山羊的主要品种有内蒙古白绒山羊（阿尔巴斯型、二狼山型、阿拉善型）、乌珠穆沁白绒山羊、罕山白绒山羊、辽宁绒山羊、河西绒山羊、新疆白绒山羊、青海绒山羊、西藏绒山羊、太行山绒山羊、子午岭黑山羊、燕山无角山羊等。产区主要分布在内蒙古、甘肃、新疆、西藏、青海、宁夏等地，近年来山西、河北、陕西、辽宁、山东养羊发展较快。目前这 11 个省区已成为我国山羊绒主要产区，占全国 98% 的产绒量。绒用山羊的典型外貌特征是：体表绒、毛混生，毛长绒细，被毛洁白且有光泽，体大头小，颈粗厚，背平直，后躯发达，产绒量多，绒的品质好。

**（四）毛用山羊品种**

毛用山羊是以生产山羊毛为主的山羊品种。主要有国外的安哥拉山羊，原产于土耳其草原地带，土耳其首都安卡拉（旧称安哥拉）周围，主要分布于气候干燥、土层瘠薄、牧草稀疏的安纳托利亚高原。安哥拉山羊是世界著名的毛用山羊，因羊毛品质极为优异，故在国际市场上特称"马海毛"。

**（五）皮用山羊品种**

皮用山羊是以生产板皮、裘皮和羔皮为主的山羊品种。主要有国内的济宁青山羊、中卫山羊。皮用山羊的外貌特征是：体表着生长短不一的、色泽有异的、有花纹和卷曲的毛纤维。如济宁青山羊具有"四青一黑"的特征，所产的猾子皮在国际市场上享有盛誉；中卫山羊具有头型清秀，体躯深短呈方形的特征，所产的三毛皮，毛股具有波浪形弯曲、质软、洁白光亮，是世界上突出的皮用山羊品种。这类山羊品种都以毛皮品质优良而驰名于世。

### （六）普通山羊品种

普通山羊品种主要有国内的内蒙古白山羊、新疆山羊、西藏山羊、宜昌白山羊、云岭黑山羊、太行山羊等。

## 二、常见的优良山羊品种

### （一）湘东黑山羊

湘东黑山羊又名浏阳黑山羊，属于皮肉兼用型地方山羊品种。

产区分布：主要产区为湖南省东部的浏阳市，毗邻的长沙、株洲、醴陵、平江及江西省的铜鼓等地也有少量分布。

外貌特征：湘东黑山羊被毛为全黑色，且有光泽，头小而清秀，眼大有神，有角，角呈扁三角锥形。耳竖立，额面微突起，鼻梁微隆。胸部较窄，后躯发达。四肢短直，矫健，蹄壳结实，尾短而上翘，母羊乳房发育良好。公羊被毛比母羊稍长，皮肤呈青紫色。公、母羊均有角，角稍扁，呈灰黑色。公羊角向后两侧伸展，呈镰刀状，背部平直，雄性特征明显。母羊角短小，向上、向外斜伸，呈倒"八"字形，腰部稍凹陷，乳房发育良好。

生产性能：湘东黑山羊肉味鲜美，纤维细嫩，无膻味，营养丰富，皮张幅大，质地柔软，拉力强，热性强，分层度高，制成革手感丰满、柔软，是制革的优质原材料。体重：成年公羊平均体重为 30 千克左右，母羊为 26 千克左右，羯羊少数可达 60 千克。屠宰率为 41.1%，最高为 51.7%；在进行圈养育肥的情况下，平均屠宰率可达 48%。繁殖力强，公母羊均 3 月龄性成熟，初配年龄公羊 6～8 月龄、母羊 4～5 月龄。成年母羊一年四季都会发情，但发情多数集中在春、秋两季，发情周期 16～21 天，妊娠期 147 天左右；大多数一年可产两胎，且多产双羔，产羔率为 171%～199%。

品种特点：湘东黑山羊具有适应性强、繁殖力高、产肉性能好、板皮质量优、适合放牧等特点。

养殖要点：湘东黑山羊春、夏、秋三季以放牧为主，冬季多为舍饲与放牧相结合，并补喂各种蔬菜嫩叶、玉米秸秆及农副产品等。

适宜区域：适合于在低山丘陵或山区饲养。

### （二）马头山羊

马头山羊又名狗头山羊，属于肉皮兼用型地方山羊品种。

产区分布：主要产区为湖南、湖北西部山区。中心产区为湖南省的石门、桑植、芷江、慈利、新晃等县以及湖北省的郧西、郧县、房县、竹山、竹溪、巴东等县，陕西、四川、河南与湖南、湖北接壤地区也有少量分布。

外貌特征：马头山羊全身被毛多为白色，少数羊被毛为杂色、黑色、麻色。被毛粗短、有光泽，公羊被毛较母羊长。体质结实，结构匀称。头较长，大小中等，公、母羊均无角，皆有胡须，头形似马，性情迟钝，群众又称其"懒羊"。颈细长而扁平。体形呈长方形，结构匀称，背、腰平直，部分羊背脊较宽（又称"双脊羊"），肋骨开张良好，臀部宽大，稍倾斜，四肢坚实，蹄质坚硬、呈淡黄色或者灰褐色，尾短而上翘。

生产性能：马头山羊板皮质地柔软、洁白、韧性强、弹性好、张幅大，平均面积 81～90 平方厘米。每张板皮可剖分为多层。毛洁白、均匀，是制毛笔、毛刷的上等原料。体重：成年公羊体重 40～50 千克，成年母羊 30～35 千克。出生后 2 个月断奶羔羊在放牧加补饲条件下，7 月龄体重可达 23 千克左右，屠宰率为 52％左右，成年羯羊屠宰率 60％左右。马头山羊性成熟早，四季可发情，在南方以春、秋、冬季配种较多。母羔 3～5 月龄，公羔 4～6 月龄性成熟，一般 8～10 月龄配种，妊娠期 140～154 天，哺乳期 2～3 个月，一般 1 年 2 产或 2 年 3 产。由于各地生态环境的差异和饲养水平的不同，产羔率有较大差异。初产母羊多产单羔，经产母羊多产双羔或多羔。

品种特点：马头山羊具有适应性强、耐粗饲、多胎多产、早熟易肥、产肉率高、肉质鲜美、板皮质量优等特点。

养殖要点：马头山羊采食能力强、耐粗饲、易管理，春、夏、秋三季以放牧为主，冬季多为舍饲与放牧相结合。主要饲喂玉米秸秆、豆荚、菜叶、萝卜叶、干青草等饲草，不需过多补喂精饲料。

适宜区域：适合于在农区、山区饲养。

**（三）雷州山羊**

雷州山羊又名徐闻山羊和东山羊，属于热带地区以产肉为主的优良地方山羊品种。

产区分布：主要产区为广东省湛江市徐闻县，分布于雷州半岛一带，因此而得名，与雷州半岛接壤的海南省 10 多个县（市）也有分布。

外貌特征：雷州山羊被毛多为黑色，且有光泽，少数羊被毛为麻色及褐色。全身被毛短密，但腹、背、尾的毛较长。公、母羊均有角，公羊角粗大，角尖向后方弯曲，并向后方两侧开张，耳中等大，向两边竖立开张，颌下有髯，体躯前高后低，腹小身短。公羊头大、颈粗，母羊面部清秀，头小、颈细长，体躯前低后高，腹大而深。颈前与头部相连处角狭，颈后与胸部相连处逐渐增大。体形可分为高腿和短腿两种类型，前者体形高，骨骼较粗，乳房不发达，多产单羔；后者体形矮，骨骼较细，乳房发育良好，多产双羔。

生产性能：成年公羊体重 54 千克左右，母羊体重 48 千克左右，羯羊为 51 千克左右，屠宰率为 50%～60%，肉味鲜美，纤维细嫩，脂肪分布均匀，无膻味。板皮品质好，皮质致密、轻便、弹性好、皮张幅大，熟制后可染成各种颜色。性成熟早，母羊 4 月龄即可性成熟，5～8 月龄初次配种，母羊全年都可发情，但以春秋两季发情较为集中。发情周期 16～21 天，发情持续期 24～48 小时，妊娠期 146 天左右；多数母羊一般 1 年产 2 胎，少数 2 年产 3 胎，产羔率为 177%，羔羊断奶成活率达 98% 以上。

品种特点：雷州山羊能很好地适应高温、高湿的自然条件，具有繁殖力强、性成熟早、生长发育快、耐粗饲、肉质好等特点。

养殖要点：雷州山羊性情温驯，易管理。全年以放牧饲养为主，一般公母羊混群放牧，补饲少量精饲料。

适宜区域：适宜于炎热地区饲养。

### （四）成都麻羊

成都麻羊又名四川铜羊，属于肉乳兼用型地方山羊品种。

产区分布：主要产区为四川省成都平原及附近丘陵地区，目前引入到河南、湖南等省，是南方亚热带湿润山地丘陵补饲山羊。

外貌特征：成都麻羊全身被毛短且有光泽，冬季内层着生短而细密的绒毛。体躯被毛赤铜色、麻褐色或黑红色。其单根毛分段显示不同颜色，尖端为黑色、中间呈棕红色、基部呈黑灰色。从两角基部中点沿颈脊、背线延伸至尾根有一条纯黑色毛带，沿两侧肩胛经前肢至蹄冠节有一条纯黑色毛带，两条黑色毛带在鬐甲部交叉，构成明显的十字形。十字形的宽窄和完整程度因性别和个体而异。黑色毛带，公羊的较宽，母羊的较窄，部分羊毛带不明显。从角基部前缘，经内眼角沿鼻梁两侧，至口角各有一条纺锤形浅黄色毛带，形似"画眉眼"。公、母羊大多有角，少数无角，公羊角粗大，向后方弯曲并略向两侧扭转，母羊角较短小，多呈镰刀状。公羊及大多数母羊下颌有髯，部分羊颈下有肉垂。公羊前躯发达，体形呈长方形，体态雄壮，睾丸发育良好；母羊后躯宽深，体形较清秀，略呈楔形，背腰平直，尻部略斜。四肢粗壮，蹄黑色、坚实。乳房发育良好，呈球形或梨形。

生产性能：成都麻羊为四川板皮中最优者，皮肤结构组织致密、薄厚均匀、板质好，制成革后平整光洁、粒纹细致、富于弹性。成年公羊体重50千克左右，母羊体重35千克左右。周岁羯羊体重28千克左右，成年羯羊体重45千克左右，屠宰率分别为49%和54%。性成熟早，公羊6月龄性成熟，母羊一般3～4月龄性成熟，母羊8～10月龄初配，发情周期20天，妊娠期148天左右，年产2胎，经产母羊每胎产羔率210%，羔羊成活率达95%以上。泌乳力良好，泌乳期6～8个月，日产奶量1.2千克，乳汁较浓，含脂率达6%以上。

品种特点：成都麻羊具有肉质细嫩多汁、膻味较小、产奶量高、板质优良、乳脂率高、抗病力和适应性强、遗传性能稳定等特点。

养殖要点：成都麻羊较温驯、易管理，适合丘陵和农区饲养。饲养方式主要为圈养和季节性放牧，其采食面广，主要饲草有各种野生杂草、菜叶、藤蔓、玉米秸秆、豆科秸秆、树叶及嫩枝等，精饲料以玉米为主。

适宜区域：适合于在丘陵或山区饲养。

### (五) 南江黄羊

南江黄羊又名亚洲黄羊，是我国经过长期的选育而成的肉用型山羊品种。

产区分布：南江黄羊是1995年四川省在南江县通过多品种杂交和长期人工选择培育的肉用性能最好的山羊新品种之一，1998年4月17日被农业部批准正式命名。主要产区为四川省的南江县、通江县及邻近地区。

外貌特征：南江黄羊被毛黄褐色，毛短富有光泽，紧贴皮肤，被毛内侧有少量绒毛，面部多为黑色，鼻梁两侧有一对称的浅黄色条纹。公羊颈部及前胸被毛黑黄粗长，沿背脊有一条明显的黑色背线，十字部后渐浅。头大小适中，耳大且长，鼻梁微拱。分为有角和无角两种类型。全身结构紧凑，前胸深广，颈肩结合良好，背、腰平直，四肢粗长，结构匀称。体躯略呈圆筒形。公羊额宽、头部雄壮，睾丸大小适中，发育良好。母羊体形较清秀，乳房发育良好。

生产性能：南江黄羊生长发育快，体格大，肉用性能好。板皮致密，坚韧性好，且有弹性，板皮面积大，是皮革工业的优质原料。成年公羊体重55千克左右，母羊体重47千克左右，周岁羯羊体重16千克左右，屠宰率为49%。性成熟早，繁殖力高。周岁公羊体重达35千克以上，周岁母羊体重达到 25 千克以上。南江黄羊母羊全年发情，发情周期为 20 天左右，发情持续期 34 小时左右。妊娠期为 148 天左右。母羊 8 月龄时可用于配种，一般年产 2 胎或 2 年 3 胎，胎产羔率 200％，繁殖成活率达 90％以上。

品种特点：南江黄羊具有体格大、生长发育快、四季发情、繁殖率高、泌乳力强、抗病力强、适应性强、杂交改良效果好、板皮质量优等特点。

养殖要点：南江黄羊由于有长而灵活的薄唇，下切齿向外弓而锐利，上颚平整而坚硬，便于采食时切断牧草。南江黄羊采食的牧草种类很多，喜欢采食粗纤维少而含蛋白质多的牧草和树木嫩枝叶。夹竹桃叶、蓖麻叶、漆树叶有毒，要严禁饲喂。

适宜区域：适合于在农区、山区饲养。

（六）宜昌白山羊

宜昌白山羊又名长阳粉角羊、铁角羊，属于皮肉兼用型地方山羊品种。

产区分布：主要产区为湖北省西南山区，分布于宜昌地区的长阳、秭归、宜昌，恩施地区的巴东、恩施、建始、利川等 17 个县，毗邻的湖南、四川等省也有分布。

外貌特征：宜昌白山羊被毛为白色，公羊被毛较长，皮肤为白色。母羊被毛较短，有的母羊背部和四肢上端有少量长毛。体格中等，体形细致紧凑，结构匀称。公、母羊均有角，角呈倒八字向后方左右两侧开张，多数羊角呈粉红色和青灰色两种。公羊颈部粗短，母羊颈部细长清秀，颌下有髯，有的羊颈下有肉垂。头大小适中，背腰平直，后躯丰满，十字部高，胸宽而深，腹大而圆。四肢强健，蹄质坚实。尾短、翻卷上翘。

生产性能：宜昌白山羊所产板皮呈杏黄色，厚薄均匀、纤维细致、弹性好、拉力大、油性足，具有坚韧、柔软、革面细腻、出革率高等特点。可分剥为数层，最多达 7 层，皮革通气透光，保暖性能好，经济价值高。成年公羊体重 35 千克左右，母羊体重 27 千克左右，周岁公羊屠宰率为 47.5％，2～3 岁羊为 56％。性成熟早，公、母羊 5 月龄左右性成熟，初配年龄大多为 8 月龄。母羊全年发情，以春、秋两季发情较多，发情周期为 19 天左右，发情持续期 48 小时左右，妊娠期为 149 天左右。一般 2 年 3 胎，胎产羔率 173％左右，断奶羔羊成活率达 98％以上。

品种特点：宜昌白山羊以板皮质量好而在国际市场上享有声誉，具有性成熟早、繁殖率高、生长发育快、适应性强、饲草饲料利用率高等特点。

养殖要点：宜昌白山羊一般有圈养和放牧两种饲养方式，草山草坡面积大的地方多为牛、羊混群放养。主食各种草类、灌木，尤喜宜昌木蓝、胡枝子、槐树的嫩枝叶。

适宜区域：在平原、丘陵、高山地形地貌复杂的地区都能饲养。

**（七）隆林山羊**

隆林山羊属于肉用型地方山羊品种。

产区分布：主要产区为云贵高原桂西北山区的隆林各族自治县，故称隆林山羊。其中心产区以该县的德峨、蛇场、克长、猪场、长发、常么等乡镇为主，与隆林各族自治县毗邻的田林县、西林县等也有分布。

外貌特征：隆林山羊被毛多为白色，少数羊被毛为褐色、黑色、黑白花色、白色等，腹侧下部和四肢上部被毛粗长。体质结实，结构匀称，头大小适中，母羊鼻梁较平直，公羊鼻梁稍隆起，公、母羊均有髯和角，角向上向后外呈半螺旋状弯曲，有暗黑色和石膏色两种。少数母羊颈下有肉垂。后躯比前躯略高，体躯近似长方形，胸宽深，腰背平直，四肢粗壮。尾短而小、向上直立。

生产性能：隆林山羊肌肉丰满，胴体脂肪分布均匀，肌纤维细，肉质鲜美，膻味小。成年公羊体重57千克左右，母羊45千克左右，成年羯羊31千克左右，屠宰率58%。性成熟早，繁殖力强。公、母羊均4~5月龄性成熟，初配公羊8~10月龄、母羊7~9月龄，母羊发情以夏、秋季节为主，发情周期为20天左右，发情持续期48~72小时，妊娠期为150天左右。一般2年产3胎，胎产羔率195%左右。

品种特点：隆林山羊是在喀斯特地貌环境和植被条件下，经过自然和长期选育而形成的地方品种。具有适应性强、耐粗饲、耐热、耐湿、产肉性能好、繁殖力强等特点。特别是肌纤维细、肉质好、膻味小而深受消费者喜爱，是华南亚热带山区具有发展优势的肉用品种。

养殖要点：隆林山羊全年以小群放牧为主，每天上午、下午放牧2次，每次放牧时间在4小时以上，出牧或收牧前后喂给少量食盐和饲料。羊舍多用木条或竹片围搭。

适宜区域：适应于亚热带山区高温潮湿气候，可在高原山区或平原地区大力养殖发展。

### （八）新疆山羊

新疆山羊是一个古老的地方品种，属于绒肉兼用型地方山羊品种。

产区分布：主要产区在新疆境内，以南疆的喀什、阿克苏地区、和田及塔里木河流域，北疆的阿勒泰、昌吉回族自治州、塔城地区和东疆的哈密荒漠草原地区和干旱贫瘠的山地牧场数量较多。

外貌特征：新疆山羊被毛多为白色，少数羊被毛为黑色、褐色、青色，被毛外层为粗毛，内层为绒毛。体质结实，结构匀称，头大小适中，公、母羊均有角、有髯，角呈半圆形弯曲或向后上方直立，角尖微向后弯。公羊角粗大，母羊角细小。额宽平，耳小、半下垂，鼻梁平直或下凹。前躯发育良好，后躯较差，四肢端正，蹄质结实，乳房发育良好。尾短而瘦，尾尖上翘。

生产性能：新疆山羊每年抓绒一次。成年公羊体重 50 千克左右，母羊 38 千克左右，成年羊屠宰率 41% 左右，成年公羊抓绒量 540 克左右，成年母羊抓绒量 500 克左右。公、母羊一般 4～6 月龄性成熟，公羊 1.5 岁开始初配，母羊 1.2 岁开始初配，母羊秋季发情，发情周期 20 天左右，妊娠期 153 天左右，1 年 1 胎，产羔率 115% 左右。母羊可泌乳 5 个月，日平均产奶 500 克左右。断奶羔羊成活率达 98% 以上。

品种特点：新疆山羊能在严峻气候和不良饲养条件下终年放牧，对陡峭的山区草场、荒漠、半荒漠贫瘠草原和灌木、半灌木草场具有特殊的适应性。具有觅食力强，耐粗饲、耐热、耐寒、耐干旱，抗病能力强、羊绒品质好等特点。以肉多，绒细而柔软、均匀、强力好为优点，深受国内外消费者的喜爱。

养殖要点：新疆山羊全年以放牧为主，冬季寒冷季节舍饲。成年公羊非配种期每天补饲精料 0.6 千克左右，配种期补饲精料 1.2 千克左右，胡萝卜 1 千克左右，鸡蛋 2 枚。

适宜区域：适应于大陆性气候，地势地形复杂地区。

### （九）西藏山羊

西藏山羊属于高寒地区肉、绒、皮兼用型地方山羊品种。

产区分布：主要产区为青藏高原，分布于西藏自治区全境，青海玉树、果洛藏族自治州、四川阿坝藏族自治州、甘孜藏族自治州以及甘南藏族自治州等地。

外貌特征：西藏山羊被毛多为黑色，少数羊被毛为白色、青色、褐色以及头肢花色。公、母羊均有角，公羊角粗大，向后向外侧扭曲伸展，母羊角较细，角尖向后外侧弯曲。公、母羊均有额毛和髯。头大小适中，颈细长，鼻梁平直，鬐甲略低，背腰平直，体质结实，前胸发达，胸部深广，肋骨拱张良好，腹大而不下垂。母羊乳头小，乳房不发达。尾小、上翘。

生产性能：西藏山羊被毛为双层，每年抓绒、剪毛 1 次，大部分地区是先抓绒后剪毛，有些地区抓绒和剪毛同时进行。抓绒时间一般在 5～8 月份。成年公羊平均抓绒 211 克左右，剪粗毛 420 克左右。成年母羊抓绒 180 克左右，剪粗毛 340 克左右。成年公羊体重 24 千克左右，母羊体重 22 千克左右，成年羯羊屠宰率为 48%。公、母羊 4～6 月龄即可性成熟，8～9 月龄可初次配种。牧区的羊性成熟晚，12～18 月龄可初次配种。母羊多集中在 9～10 月份发情，发情周期 15～23 天，发情持续期 48～72 小时，妊娠期 136～157 天。母羊都挤奶，一般挤奶 3 个月，日平均产奶 200 克左右，利用山羊奶提取酥油，酥油率 4.8%。多数母羊一般 1 年产 1 胎，少数条件好的农区 1 年产 2 胎，产羔率为 130%，羔羊断奶成活率达 90% 以上。

品种特点：西藏山羊具有很好的适应能力、耐粗放、抗逆性强、羊绒细长柔软、肉质鲜美等特点。

养殖要点：西藏山羊全年以放牧饲养为主，放牧时间随季节而变化，冬、春 3 个多月，每天归牧后给母羊补饲，补饲干草 1 千克左右、精饲料 0.2 千克左右。

适宜区域：对高寒牧区的生态环境条件有较强的适应能力。

### （十）黄淮山羊

黄淮山羊因产于黄淮流域广大地区而得名，饲养历史悠久，500 多年前就有史书记载，明弘治（1488—1505）《安徽宿州志》、正德（1506—1521）年间的《颖州志》均有记载。与河南省的槐山羊、安徽省的阜阳山羊和江苏省的徐淮山羊，属于肉皮兼用型地方山羊品种。

产区分布：主要产区为河南省周口地区的沈丘、淮阳、项城、郸城、驻马店、许昌、南阳、信阳、商丘、开封等地；安徽省北部的阜阳、宿州、滁州、六安以及合肥、蚌埠、淮北、淮南等地；江苏省的徐州、淮阴两地区沿黄河故道及丘陵地区等县（市）。

外貌特征：黄淮山羊被毛多以纯白色为主，少数为黑色、青色、棕色和花色。毛短有丝光，绒毛很少，肤色为粉色。分有角和无角 2 个类型，有角者公羊角粗大，母羊角细小，向上向后伸展呈镰刀状；无角者，仅有 0.5～1.5 厘米的角基。具有颈长、腰身长、腿长的三长特征。体格中等，结构匀称，骨骼较细。鼻梁平直，面部微凹，下颌有髯。胸较深，肋骨拱张良好，背腰平直，体躯呈桶形或圆筒形。种公羊体格高大，四肢强壮。母羊乳房发育良好，呈半圆形。尾短、上翘。

生产性能：黄淮山羊板皮质量好，以产优质汉口路山羊板皮著称，秋、冬季节宰杀板皮为最好，每张板皮可分 6～7 层，板皮呈蜡黄色，细致柔软，油润光亮，弹性好，是制作高级皮革"京羊革"和"苯胺革"的上等原料。成年公羊体重 35 千克左右，母羊体重 27 千克左右。羔羊生长快，9 月龄体重可达成年羊体重的 90% 左右。在 7～10 月龄屠宰，屠宰率为 49% 左右，成年羯羊屠宰率为 46% 左右。一般母羊 4～5 月龄发情配种，全年发情，以春、秋季发情较多，发情周期 18～20 天，发情持续期 24～72 小时，妊娠期 149 天左右，1 年产 2 胎或 2 年产 3 胎，每胎平均产羔率为 239%。断奶羔羊成活率达 96% 以上。

品种特点：黄淮山羊是我国中原地区饲养历史悠久的优良地方山羊品种，具有板皮质量优良、性成熟早、生长发育快、产肉率高、繁殖率高、肉质细嫩、膻味小等特点。

养殖要点：黄淮山羊全年以圈养为主，青草季节有时放牧，规模场饲草以青贮玉米秸秆为主，适当补充青绿饲草、蔬菜嫩叶、豆饼、玉米、麸皮、白萝卜、红萝卜等。

适宜区域：黄淮山羊对生活环境适应性非常广泛。

### （十一）济宁青山羊

济宁青山羊是我国稀有特产猾子皮和板皮山羊的品种，属于羔皮型地方山羊品种。

产区分布：主要产区为山东省西南部的菏泽和济宁地区的 20 多个县（市）。以曹县、郓城、菏泽、鄄城、单县、巨野、成武、定陶、金乡、嘉祥、任城、邹县、鱼台等县（市）数量多、质量好。枣庄、临沂、泰安、聊城等地也有少量分布。

外貌特征：济宁青山羊被毛由黑白二色毛混生而成青色，其角、蹄、唇也为青色，前膝黑色，故有"四青一黑"的特征，根据被毛中黑白二色毛的比例不同又可分为正青色、粉青色、铁青色 3 种。毛色随着年龄增长由浅变深，可分为长毛型和短毛型，以长毛型居多。初生的羔羊毛被具有流水形花纹、波浪形花纹、隐暗花纹和片花纹。济宁青山羊体质结实，结构匀称，体格较小，又被称为"狗羊"。公、母羊均有角和髯，品种特点：食性广、耐粗饲、放牧能力强、抗逆性好，饲养成本低，肉质细嫩、膻味轻，深受本地市场和两广、海南市场欢迎。

养殖要点：产区灌丛、牧草资源丰富，雨热同季，春季牧草返青至入冬前，以放牧饲养为主，收牧后不补饲或补饲少量食盐、苞谷，冬春季节饲喂人工牧草、青贮、秸秆等农副产品和一定量的苞谷或配合饲料。

适宜区域：南方山区或丘陵地区饲养。

### （十五）黔北麻羊

黔北麻羊是产区劳动人民长期选育和自然选择形成的，属肉皮兼用型地方山羊品种。

产区分布：主产于贵州北部的仁怀、习水两（市）县，邻近的赤水市、遵义县以及金沙县、桐梓县也有分布。

外貌特征：被毛褐色，有浅褐色及深褐色两种，有黑色背线和黑色颈带，腹毛为草白色；被毛较短。体质结实、结构紧凑、体格较大。头呈倒三角形，大小适中，两角基部至鼻端有两条上宽下窄的白色条纹，额宽平，公母均有角，角扁平或半圆形，向后上外微弯，呈倒镰刀形，鼻梁平直，耳小，平伸。颈呈圆筒状，颈粗长、无皱褶，少数有一对肉...体躯长方形，胸宽深，肋骨开张，背腰平直，尻略斜。四肢较高、...蹄质坚实。骨骼粗壮结实，肌肉发育丰满。母羊乳头大小、长短...分布均匀，少数羊有副乳头。

生产性能：成年公羊体重41.5千克、体高61.6厘米，成年母羊体重...克、体高59.1厘米。黔北麻羊4月龄性成熟，8月龄可配种繁殖。...发情，平均产羔率197.5%。羔羊初生重1.7千克，3～4月龄断...5千克。

...特点：个体较大，早期生长速度快，繁殖力强，一般2年3胎或...多为双羔，肉用性能好，膻味轻，肉质鲜嫩；黔北麻羊板皮属...皮平整，厚薄均匀，纤维组织致密，柔韧，质地良好，富...适中，是制革的上乘原料。

...产区灌丛、牧草资源丰富，雨热同季，春节牧草返青至...饲养为主，收牧后不补饲或补饲少量食盐、苞谷，冬春...草、青贮、秸秆等农副产品和一定量的苞谷或配合饲料。

...方山区或丘陵地区饲养。

...山羊

...于陕西省关中地区，故得此名。属产奶型地方山羊

额较宽、多有淡青色白章。公羊角粗，向后上方伸展。母羊角细长，向上略向外伸展。公羊颈粗短，前胸发达，鬐甲较高，四肢强壮。母羊颈细长，后躯宽深。尾上翘。

生产性能：济宁青山羊所产猾子皮，具有天然青色和波浪形花纹，非常美观，在国际市场上声誉很高。济宁青山羊1年剪毛一次，成年公羊产毛300克左右，产绒70克左右；母羊产毛200克左右，产绒50克左右。成年公羊体重29千克左右，母羊体重24千克左右，屠宰率为42%左右。山羊生长快，性成熟早，公羊7月龄即可初配，母羊5月龄即可初配，母羊全年发情，但以春、秋季发情较多，发情周期18～20天，妊娠期149天左右，1年产2胎或2年产3胎，一胎多羔，平均产羔率为290%。山羊排卵数一般为2～3个，而济宁青山羊可达5个以上。断奶羔羊成活率达95%以上。

品种特点：济宁青山羊具有性成熟早，繁殖率高，遗传性稳定，适应性强，耐粗饲，性温驯易管理，肉质好，风味独特等特点。

养殖要点：济宁青山羊采取放牧和舍饲相结合的饲养方式。成年羊春、夏、秋季以放牧为主，冬季舍饲。羔羊出生后半个月内在圈舍内饲养，随着日龄增大可随羊群放牧采食嫩草。舍饲主要喂青干草、树叶及秸秆饲料等，适当补饲玉米、麸皮、饼粕类精饲料。

适宜区域：适合于北方温暖湿润的平原地区饲养。

### （十二）戴云山羊

戴云山羊属于中小型肉用地方山羊品种。

产区分布：主要产区为福建省中部的戴云山脉，分布于福建省德化、惠安、尤溪、大田、仙游、泉州、安溪、永春、龙岩、永安等县（市）。

外貌特征：戴云山羊被毛多以黑色为主，少数为褐色。体躯结实，四肢健壮，头狭长，呈三角形；两耳向上直立。有髯和角，角向后侧弯曲，公羊角较粗大。少数羊额下有两个肉垂。背线平直，体躯前低后高，臀部倾斜，乳房发达，乳头一对。尾短小上翘。

生产性能：沿海饲养的山羊体重略高于山区饲养的山羊体重，沿海饲养的成年公羊体重为34千克左右，母羊体重为30千克左右。而山区的成年公羊体重为25千克左右，母羊体重为24千克左右。肉羊8月龄体重20～30千克，屠宰率为50%左右。公、母羊4～5月龄即可性成熟，母羊8月龄可初次配种，周岁左右产第一胎，一般2年产3胎，产羔率为200%。发情周期16～20天，妊娠期149天左右。母羊利用年限为7～9

年。羔羊断奶成活率达91％以上。

品种特点：戴云山羊在戴云山区饲养历史悠久，具有耐高温高湿、耐粗饲、适应性广、抗病力强，终年放牧，在雨中仍可正常放牧和肉质鲜美等特点。

养殖要点：戴云山羊终年放牧，可在30°～60°的斜坡放牧、采食，放牧时遇雨，仍可吃草如常，沿海滩地亦可放牧。冬季放牧归来需补喂甘薯藤等。

适宜区域：适合于高山区以及丘陵地带放养。

### （十三）波尔山羊

波尔山羊被称为世界"肉用山羊之王"，是世界上著名的生产高品质瘦肉的肉用型山羊品种。

产区分布：原产地为南非，作为种用，已被非洲许多国家以及新西兰、澳大利亚、德国、美国、加拿大等国引进。自1995年我国首批引进波尔山羊以来，通过适应性饲养和纯繁扩群逐步向全国各地推广，1997年以后又陆续引进该品种，2005年后在我国山羊主产区均有分布。

外貌特征：波尔山羊被毛为白色，头颈为红褐色，但不超过肩部，前额端到唇端有一条较宽的白色毛带，体躯、胸部、腹部与前肢为白色。波尔山羊耳长而大，宽阔下垂，被毛短而稀。公、母羊均有角，角坚实，长度中等。公羊角粗大，向后、向外弯曲。母羊角细而直立，有鬏。头部粗壮，眼大棕色，口颚结构良好。额部突出，曲线与鼻和角的弯曲相应，鼻呈鹰钩状。颈粗壮，长度适中，且与体长相称。肩宽肉厚，体躯甲相称，甲宽阔不尖突，胸深而宽，颈胸结合良好。前躯发达，肌肉丰满。体躯深而宽阔，呈圆筒形。肋骨开张与腰部相称，背部宽阔而平直；腹部紧凑；尻部宽而长，臀部和腿部肌肉丰满。四肢端正，短而粗壮，关节坚韧，蹄壳坚实，呈黑色。前肢长度适中、匀称。母羊有一对结构良好的乳房。公羊有两个大小均匀、结构良好而较大的睾丸。尾平直，尾根粗、上翘。

生产性能：波尔山羊体格大，生长发育快。周岁公羊体重为50～75千克，母羊45～65千克，成年公羊体重为90～135千克，母羊60～90千克。初生羔羊重3～4千克，断奶体重25～30千克。周岁内日增重190克左右，断奶前日增重为200克以上，6月龄时体重40千克左右。肉用性能好，8～10月龄屠宰率为48％左右，周岁、2岁、3岁时分别为50％、52％、54％，4岁时达56％～60％以上。其胴体瘦而不干，肉厚而不肥，

肉质细、肌肉内脂肪少、色泽纯正、多汁鲜嫩。同时，波尔山羊的板皮品质极佳，属上乘皮革原料。母羊5～6月龄即可性成熟，母羊7～8月龄可初次配种，繁殖性能优良，1年产2胎或2年产3胎，每胎平均2～3只。波尔山羊属非季节性繁殖家畜，一年四季都能发情配种产羔，产羔率为193％～225％。发情周期18～21天，妊娠期148天左右。母羊利用年限为10年。

品种特点：波尔山羊具有体形大、生长速度快、繁殖力强、产羔多、屠宰率高、产肉多、肉质细嫩、适口性好、耐粗饲、适应性强、抗病力强和遗传性稳定等特点。

养殖要点：在入冬前对羊群进行调整，实行冬春季节舍饲，及时淘汰不孕母羊及弱、病、残羊及老羊。贮备足够草料，保证羊群冬春季舍饲的饲草料贮备。生产中一般采取晒制青干草，青干草的营养价值高于农作物秸秆，有条件的养羊场夏季应采集野草及灌木枝叶晒制成青干草。收集农作物秸秆，玉米秸、稻草、麦秸、花生秧、甘薯藤、豆秆豆荚等，都是舍饲羊的粗饲料，可加工处理后贮备饲喂。

适宜区域：能适应南方各种气候地带，内陆、热带和亚热带灌木半荒漠和沙漠地区都表现生长良好。在干旱情况下，不供水和饲料其他动物相比存活时间较长。

### （十四）贵州黑山羊

贵州黑山羊是在贵州当地自然生态下长期自然选择和人的，属肉皮兼用型地方山羊品种。

产区分布：主产于威宁、赫章、水城、盘州等县，六盘水、黔西南、黔南和安顺等5个地、州（市）所属

外貌特征：被毛以黑色为主，有少量个体被毛实、结构紧凑、体格中等。头大小适中、头型略角，角扁平或半圆形，向后向外延伸成弓形或"马头羊"。鼻梁平直，耳小、平伸。皮肤紧体躯近似长方形，胸部略狭窄，肋开张，背长，但坚实有力。骨骼细致结实，肌肉发

生产性能：羔羊初生重1.5千克，3千克、体高61.5厘米，成年母羊体月龄性成熟，7月龄初配；母羊6月发情，但春秋两季较集中，平均产

品种。

产区分布：主要分布于陕西、浙江、云南、东北和新疆等地。以陕西省富平、三原、泾阳、宝鸡扶风、武功、蒲城、临潼、大荔、乾县、蓝田、秦都、阎良等 12 个县（市、区）为生产基地县。陕西省关中奶山羊存栏量约 100 万只，其基地县奶山羊数量为全省的 95%。

外貌特征：体质结实，结构匀称，遗传性能稳定。头长额宽，鼻直嘴齐，眼大耳长。母羊颈长，胸宽背平，腰长尻宽，乳房庞大，形状方圆；公羊颈部粗壮，前胸开阔，腰部紧凑，外形雄壮，四肢端正，蹄质坚硬，全身毛短色白。皮肤粉红色，耳、唇、鼻及乳房皮肤上偶有大小不等的黑斑，部分羊有角和肉垂。具有"头长、颈长、体长、腿长"的特征，人们俗称"四长羊"。

生产性能：成年公羊体高 80 厘米以上，体重 65 千克以上；母羊体高不低于 70 厘米，体重不少于 45 千克。公、母羊均在 4～5 月龄性成熟，一般 5～6 月龄配种，发情旺季 9～11 月，以 10 月份最甚，性周期 21 天。母羊怀孕期 150 天，平均产羔率 178%。初生公羔重 2.8 千克以上，母羔 2.5 千克以上。种羊利用年限 5～7 年。关中奶山羊以产奶为主，产奶性能稳定，产奶量高，奶质优良，营养价值较高。一般泌乳期为 7～9 个月，年产奶 450～600 千克，单位活重产奶量比牛高 5 倍。鲜奶中含乳脂 3.6%、蛋白质 3.5%、乳糖 4.3%、总干物质 11.6%。关中奶山羊产肉性能良好。成年母羊屠宰率 49.7%，净肉率 39.5%，骨率 8.5%，油脂率 6%。

品种特点：关中奶山羊适应性好。耐粗饲，易于饲养管理，抗病力强。在浙江临海县、云南路南县以及东北海伦、新疆库车等地饲养均能很好产奶和发育。

养殖要点：适于放牧或舍饲，当粗饲料以青草、谷物秸秆为主时，每天补饲玉米、豆类等精饲料；如以苜蓿等高蛋白优质牧草饲养时，则很少补料。

适宜区域：适应于温带季风性气候平原。

### （十七）崂山奶山羊

崂山奶山羊原产于山东省胶东半岛，属肉奶两用型地方山羊品种。

产区分布：分布于青岛市的城阳、黄岛区及 5 个市（区），烟台、威海等地也有分布，以崂山地区周围的崂山奶山羊质量最好。

外貌特征：体质结实粗壮，结构紧凑匀称、头长额宽、鼻直、眼大、嘴齐、耳薄并向前外方伸展；全身白色，毛细短，皮肤粉红有弹性，成年羊头、耳、乳房有浅色黑斑；公母羊大多无角，有肉垂。公羊颈粗、雄壮，胸部宽深，背腰平直，腹大不下垂，四肢较高，蹄质结实，蹄壁淡黄色，睾丸大小适度、对称、发育良好。母羊体躯发达，乳房基部发育好、上方下圆、皮薄毛稀、乳头大小适中对称。

生产性能：崂山奶山羊母羊属于季节性多次发情家畜，产后 4～6 个月开始发情，每年 9～11 月为发情旺季，发情周期 20.5 天，怀孕期 150天，年产一胎，平均产羔率 170%，经产母羊年产羔率可达 190%。经公羔育肥性能试验，去势公羊饲养 8～9 个月，平均体重 35.25 千克，胴体重为 17.78 千克，屠宰率 50.44%，净肉率 39.39%。成年崂山奶山羊鲜皮厚 0.22～0.24 厘米，面积 0.63 平方米，符合国内板皮市场的特级皮标准。产奶期 8 个月，最高可达 10 个月，平均产奶一胎 340 千克，二胎600 千克，三胎 700 千克，最高产奶可达 1300 千克，鲜奶比重 1.028，干物质含量 12.03%，乳蛋白含量 2.89%，乳脂率 3.73%，乳糖含量4.53%，其中蛋氨酸、赖氨酸和组氨酸含量较高。

品种特点：适应性强，耐粗饲，生长发育快，体格粗壮，产奶较多，遗传性能稳定。

养殖要点：适于放牧或舍饲，饲喂花生秧和地瓜秧作为粗饲料，每天补饲玉米、豆类等精饲料；可适当利用工业下脚料，如黄酒糟和玉米蛋白粉。保证养殖环境干燥，避免潮湿。

适宜区域：适合山区、丘陵、平原放牧饲养。

# 第二节　后备种山羊的选育

## 一、后备种公羊的选育

种公羊数量少，种用价值高，俗话说，"公羊好好一坡，母羊好好一窝"，可见种公羊对羊群的质量、外形、繁育育种有着相当大的关系。因此，种公羊的选育至关重要。种公羊的选育方法多种多样，从易操作的角度出发，一般按以下四个步骤进行：

第一步：羔羊出生时，这个阶段进行初步筛选。淘汰弱羔、发育异常及残疾的羔羊，保留正常的个体作后续观察考评。

第二步：断奶时，这个阶段进行精选。保留体重大、生长发育快的羔羊，同种条件下，优先保留双羔羊，淘汰体重小、生长发育慢、单睾、隐睾、体躯肢蹄不正、杂色的羊。

第三步：周岁时，这一步用于对后备公羊进行终选。根据公羊的体重和体形进行选择，要求体格大、体圆而深、背腰长、臀部紧、阴囊下垂等。

第四步：根据后代进行测定，后代测定是评定种公羊最可靠的方法。公羊所配母羊产下的后代，如果都表现好，则说明公羊较好；如果所配母羊产下的后代，大部分表现不好，则说明公羊不理想，应及时淘汰。

若引进成年种公羊，在引进之前一定要仔细地对种公羊进行生产性能检查和生产潜力评估。检查的方式包括检查公羊体形、查看配种记录、产羔记录等内容，能直观了解种羊的生产性能，查看记录要与检查公羊本身的方法相结合，这样还可以识别其记录的真实性。检查配种记录的意义在于为引种公羊提供依据。一只种羊，如果 1～2 年都没有参加配种，那么这只种用公羊的质量就需要认真考虑了。另外，从母羊的配种记录和产羔记录还可以反映出这只公羊的产羔率的高低、估测后代产双羔的比率、公羊的配种能力等情况。

引进种用公羊的最终目的是提高后代的生产性能和优良基因的纯合度，通过查看公羊配种后代的产羔情况和体形外貌的变化情况，可以直接了解该公羊使用价值的高低和作种羊使用的可靠程度。一只种公羊，虽然体格健壮，外貌也符合品种标准，但是后代的各方面都不理想，那这只种羊不算是好种羊；同样，如果种公羊在某些方面不太突出，但改良的后代生产性能比较理想，那么这只公羊仍然可以当作好种羊投入配种。

一只合格的种用公羊应性欲旺盛，精液品质良好，所以在引进种公羊时一定要仔细观察种公羊的性欲及检查种公羊的精液质量。观察公羊的性欲，可以通过观察公羊与公羊之间及公羊与母羊之间有无爬跨行为和亲近动作来具体判断，有爬跨行为和亲近动作则性欲较强，反之则性欲低下；进行精液质量的检查，可运用以下方法：将精液采出后，放在 200～400 倍的显微镜下观察，精子活力应达到 50%～60%，密度应在 10 亿个/毫升以上，否则为繁殖性能低下。此外，正常的精液是乳白色或稍带黄色，精液发红发绿、有异味或者有腥味，均为不正常精液，精液不正常的种公羊不能引入。

## 二、后备种母羊的选育

后备种母羊应挑选神态活泼，精力旺盛，食欲强，皮肤柔软有弹性的种母羊。体形方面，除了要挑选头小清秀、后躯发达、鼻子直、体形高大、四肢端正、腹大而不下垂、后躯宽深而不肥的，还要注重母羊的乳房，种母羊的乳房应发育良好，青年羊乳房圆润紧凑、大而均匀。要及时淘汰乳头不明显或有赘生乳头的羊只。

种母羊要具有较好的繁殖性能，才能获得较好的养殖效益，因此在引进成年种母羊时，除了要检查形态、精神等方面，还要认真检查母羊是否有繁殖方面的疾患。具体内容如下：检查母羊几岁开始产羔，一年能产几次羔及产双羔的比例，母羊是否总发情而难孕，是否有乳房炎、子宫炎，是否在羊群中受过伤造成子宫粘连，是否用生物激素处理过等，而在选羊时看看母羊的乳房是否发育过，是否正在哺乳或曾经哺乳过羔羊也非常重要。

# 第三节　山羊的引种及运输

## 一、山羊的引种

山羊的引种是山羊生产环节中的一个重要工作，因此，盲目地购买山羊进行饲养，可能会造成很大的经济损失。

### （一）选择引种的地方

山羊虽然适应性很强，但引种前有必要对拟引种的地方，先进行引种前的考察，调查了解其生态、地理环境，与本地相差不太悬殊为佳，从低海拔地区引种到高海拔地区（2500米以上）容易产生呼吸道疾病；从炎热地区引种到寒冷地区不利于羊只过冬，羔羊容易冻死。其次要了解拟引种的地方是否有重大疫情流行，若引种地正在流行或刚流行过口蹄疫、布氏杆菌病、羊痘、羊快疫及重大寄生虫病等，应立即停止在该地区引种，以防带入病原。

### （二）山羊产品的定位

山羊产品的定位是指生产出的山羊是作为肉用山羊还是种羊销售，如果是作为肉用山羊销售，则公羊和母羊可以引进不同的品种。比如波尔山羊公羊与本地山羊母羊杂交，具有杂交优势，对本地山羊周岁前的生长速度、产肉性能、屠宰率有较大提高。如果是作为种羊销售，公羊和母羊必须是同一品种，尽量到具有《种畜禽经营许可证》的种羊场，且公羊的血缘应保证在六个或六个以上，避免近亲繁殖。

**（三）系谱档案资料**

引种时，首先要对系谱资料进行查对，所引进的种公羊要查到三代以上血缘，且保证引进场内至少有六个以上血缘。对引入的种母羊和公羊进行血缘关系清理后，制定相应的配种计划表，按照配种表进行配种。引种时，种羊卡片、疫苗注射时间、检疫证明、《种畜禽经营许可证》、《动物防疫条件合格证》等资料必须备齐，便于以后查找。

**（四）引种时间选择**

一般来说，气候较适宜的季节是春、秋两季，夏季温度太高，冬季温度太低，都不宜引种。一般可以选择在8～10月，南方8～10月正处在气候转凉，气温在20～30℃，有利于山羊运输。且这时雨量减少，气候干燥，牧草正是成熟时期，羊群放牧容易上膘，又经过一个冬天的饲养，对本地地理环境、气候及饲养管理方法逐渐适应。到次年春、夏季节就能正常繁殖生产。其次，8～10月正是山羊配种季节，许多母羊已经怀孕，不久就能产羔，对加快山羊发展有利。从引种区域来说，由温暖地区向寒冷地区引进羊，应选择夏季为宜，运输则应选择在夜间，防止日晒。

**（五）引种数量规划**

根据当地农业生产、市场行情、生长规律、饲草饲料、羊舍准备情况，结合饲养人员的技术水平，确定合理的引种数量。

二、引种注意事项

（一）在引种前要根据当地农业生产、饲草饲料、地理位置等因素加以分析，有针对性地考察几个山羊品种的特性及对当地的适应性，进而有目标和计划地引进种羊，绝不能听说哪个品种好就盲目引进。

（二）引种一定要选择有资质、质量好、信誉好的种畜场，不要被广告和价格所诱惑，头脑要清醒。引种时一定要主动与当地畜牧主管部门取得联系，了解该场是否有畜牧部门签发的《种畜禽生产经营许可证》。

（三）挑选种羊的技术要点有一看：外貌特征、体形、精神状态、牙齿；二摸：膘情、睾丸，以判断品种的纯度和健康状况等。年龄大小，可从角轮、外形和换齿的对数确定。角的年轮多，头短而宽，嘴较尖是老羊的特征。引进种羊以 1~2 岁的青年羊为最佳，因青年羊可塑性大，易调教，且适应性强，繁殖率高，利用年限长，对加快羊群发展有利。

（四）六证：《种畜禽生产经营许可证》《动物防疫条件合格证》《动物检疫合格证》《种山羊系谱及生长发育卡》《出境动物检疫合格证》和《种山羊合格证》。

（五）尽量在一群羊中挑选，这样引种后的羊只放牧时易合群，便于管理。

### 三、山羊运输注意事项

（一）运输种山羊前，查询沿途的天气情况，了解天气状况，尽量避开沿途雨雪天气；办好产地检疫和过境检疫及相关手续。

（二）种山羊装车前要给羊饮足水，不宜喂食过饱，以防腹部内容物多，车上颠簸引起不良反应；运程在一天之内的无需喂草料，运程在一天以上的，每天应喂草 2~3 次，饮水不少于 2 次，且应保证每只羊都能饮到水吃到草料。

（三）在装车前要对车辆及其用具进行严格消毒，装种山羊的车厢内铺上垫料，如稻草、谷壳或干树叶等，以防山羊在运输过程中滑倒而相互挤压致死。

（四）所装种山羊不能过密过挤，要将体质强、弱山羊，大、小山羊，公、母山羊分开装；妊娠母羊不能托肚子装车，以防流产。种山羊数量多的情况下，必须用笼子车，切忌用平板车拉羊。

（五）运输途中要尽量匀速行驶，避免突然刹车，在颠簸路面和坡路行驶要缓慢，防止山羊挤压致死，中途停车或人员休息时要安排专人看护山羊，防止山羊跳车或者被盗。

（六）冬季要注意保暖，夏季要注意防暑；夏季运输时，车厢要通风，避免酷暑期装运种山羊，应避免在炎热的中午装车，尽量在早、晚和夜间装运。押运人员要经常检查车上山羊，发现山羊怪叫、倒卧时要及时停车，将其拉起，安置到不易被挤压的地方。

### 四、卸车注意事项

（一）到场后要及时卸车，卸车时切记不能大声吆喝或拿棍驱赶，动作要温柔。

（二）卸车时要防止车厢板与车厢之间的缝隙夹断羊腿，最好将运输车辆停靠在高台或用板做坡道，防止山羊跳车造成流产、肢蹄损伤等。

（三）卸车时不要从高处往下扔山羊，最好是从高处往下抱羊或者搭建斜梯让羊从上往下滑。

（四）种羊进场经充分休息后，安排首次自由饮水。水温适中，用量适宜。饮水中最好加入适量的电解多维、黄芪多糖等，可有效帮助恢复体能，提高抗病功能。一星期后，改为常态化饮水。初次饮水 2～3 小时后，开始投喂优质的混合草料。

（五）种山羊到场后应安排到隔离栏舍，进行隔离观察、消毒和必要的免疫注射（隔离观察时间为 1 个月）。注意观察羊群的精神、采食、饮水、运动、粪便等状况，如发现异常，要及时采取相应有效的措施。对有咳嗽、流鼻涕等症状的不能仅按一般的感冒进行处理，还应结合支气管炎和肺炎等疾病进行综合防治；对表现有传染性脓疱性口膜炎（羊口疮）、传染性结膜炎、疥癣、山羊传染性胸膜肺炎等传染病症状的山羊，应及时隔离治疗，防止疫情扩散。

# 第三章　饲料加工与利用

## 第一节　饲料种类

### 一、青饲料

具有水分多，体积大，粗纤维少，蛋白质、矿物质、维生素含量丰富的特点。青饲料主要包括野生青草、人工种植的牧草、树叶、菜叶、青割农作物等。

### 二、粗饲料

具有体积大，水分少，粗纤维多，可消化，营养少的特点。粗饲料主要包括各种青干草、农作物秸秆、秕壳、藤蔓、树叶、糟渣类等。

### 三、精饲料

具有体积小，水分少，粗纤维低，消化率较高，营养丰富的特点。精饲料主要用于补充山羊所需能量、蛋白质，主要包括谷类、豆类、饼粕类等。

### 四、多汁饲料

具有含水分高、含糖类多、粗纤维含量低，适口性好，消化率高的特点。多汁饲料包括块根类、块茎类、瓜果类、蔬菜类。常见的多汁饲料有红薯、红萝卜、白萝卜、马铃薯、饲用甜菜及甜菜渣等。

### 五、青贮饲料

新鲜的青绿饲料或在新鲜的青绿饲料中添加辅料或添加剂后，在厌氧环境下，通过乳酸菌的发酵作用，使 pH 值下降而得以保存的饲料。青贮饲料能保持青绿饲料原有营养价值的 75％以上，弥补了山羊越冬青绿饲料不足的缺点。

### 六、山羊饲料所需要的矿物质与维生素

矿物质是山羊生产和生长必需的一类无机营养物质，主要分为天然矿物质饲料和人工合成矿物质饲料，例如钙补充料、微量元素补充料等。维生素是山羊代谢所必需且量极少的低分子有机化合物。羊的瘤胃微生物可以合成维生素 K 和 B 族维生素，肝、肾可合成维生素 C，一般除羔羊外，不需要额外添加。

（一）天然矿物质饲料主要有贝壳粉、石粉、麦饭石、沸石粉等。贝壳粉和石粉都能为山羊提供钙，且含钙量都在 30％以上，石粉是天然矿石，贝壳粉是海产贝类外壳，两者主要成分都为碳酸钙。麦饭石和沸石粉都是矿石加工而成，主要化学成分是无机硅铝酸盐，两者都有吸附性和很好的流动性，在饲料中主要用它作为矿物质的载体。

（二）微量元素矿物质饲料有硫酸亚铁、硫酸铜、硫酸锰、硫酸锌、亚硒酸钠、碘化钾或碘酸钾、氯化钴等，常量元素有钙、磷等。

# 第二节　饲料加工

### 一、青干草的晒制

青干草是将优质的青绿饲料在未结籽实前适时收割，通过自然干燥或人工干燥而制作成的饲料。由于干草是由青绿植物人工干燥而制作成的饲料，干制后仍保留着青绿颜色，故称青干草。

青干草制作要点：

（一）掌握青绿饲料收割时期，在未结籽实前收割为佳。如豆科牧草的刈割时期以初花期至现蕾期为佳，禾本科牧草的刈割时期以孕穗期至抽穗期为佳。

（二）干燥过程中应尽量加快植物中水分蒸发的速度，缩短干燥时间，减少营养损失，但要防止暴晒时间过长。

（三）青绿饲料雨天或者潮湿天气不宜收割。自然干燥应选择晴朗天气，晒制过程中要防止雨淋，尽量防止叶片丢失。

（四）当调制的干草水分含量达到 15％～18％时，为最佳贮藏时期。

（五）青干草贮藏的方法有垛堆、草捆等。堆放地应选择地势高、近羊舍的地方，贮藏过程中要注意防潮湿、防雨淋、防火、防鼠等。

## 二、青贮饲料的制作

青贮饲料是将青绿饲料贮入窖内，经过发酵而达到长期保存的一种方法。青贮饲料既能保持青饲料的营养价值，提高适口性，又可调节青饲料的均衡供应，是解决山羊越冬补充青绿饲料的有效方法。

（一）青贮原理：主要是厌氧乳酸菌在无氧环境下以糖和淀粉为能源，进行大量繁殖，同时产生大量乳酸等，抑制其他微生物如腐败菌的繁殖；当 pH 值下降到 4 左右时，绝大部分微生物停止繁殖，乳酸菌本身也由乳酸的不断积累而受到抑制，停止活动，使青贮窖内形成了无菌无氧的环境，使饲料能得以长期保存，达到青贮的目的。

（二）青贮步骤：建造青贮窖→准备原料→原料切碎→原料装填→原料压实→密封青贮窖→开窖取用。

（三）制作要点：

1. 根据青贮量选择不同的青贮容器，如水泥池、青贮缸、塑料袋等。

2. 水泥池青贮窖建造要选择在地势较高、排水方便、土质坚硬、离羊舍较近的地方。

3. 青贮原料要适时收割，掌握水分含量，水分多则不宜贮存，以含水量 65%～70% 为宜。

4. 青贮原料要含有适当的糖分，最低含量不少于 1%～1.5%，对于含糖少的原料与含糖多的原料实行混合青贮为佳，如豆科和禾本科混合青贮等。

5. 制作青贮时，原料须切碎，一般长度为 3～5 厘米，同时注意层层压紧，排尽空气，形成无氧环境，以保证青贮的质量。塑料袋保存的青贮要放在不受阳光直射的地方。

6. 经常检查青贮窖，如发现裂缝、下陷、破洞等，应及时修补，以防止雨水进入和透气而影响青贮质量。

7. 青贮 40 天后即可开窖喂羊。开窖后可自上而下分层取用，若有变黑变质，应弃去不用。同时，取用后要密封，防止二次发酵。

8. 优质的青贮料，色泽黄绿或橙黄，气味芬香。青贮料具有轻泻作用，日喂量不宜超过山羊日采食量的 30%～50%，一般为 1～1.5 千克。怀孕母羊不宜多喂，霉烂变质的不能喂羊。

# 第三节　牧草利用与栽培技术

## 一、天然草地及其利用

天然草地是指所有形成草层（或草被）的多年生草本植物生长的陆地，或指天然或人工栽培的多年生草本植物所构成的植物群落，既包括天然草地，也包括人工草地。

### （一）天然草地利用总的发展趋势

天然草地利用总的发展趋势是：提高单位草地面积的载畜量和产草量，逐步实现机械化、水利化、化学化，最终实现草地生产的高度集约化。

在提高草地生产力方面，应采取以下措施：

1. 提高天然草地生产力，包括草地的保护和合理利用、草地生产的机械化、草地灌溉和施肥、围栏和供水、牧草补播、草地的更新等。

2. 建立人工草地，包括播种混合牧草、栽培高产的饲料作物、粮草轮作、配方施肥、牧草育种和优良种子的繁殖、牧草及饲料作物病虫害防治、干草及青贮料的调制加工。

3. 高新技术的应用，主要包括系统工程理论、遥感技术、遗传育种工程、优良品种的推广应用技术等广泛深入应用，极大地推动草地事业的发展。

### （二）天然草地的退化

我国是世界草地第二大国，在世界草地中占有极其重要的地位。近30多年来，由于种种原因，我国草地出现了前所未有的退化，特别是北方草原退化更为严重。主要是草地的沙化、贫瘠化和盐碱化，生产力水平有很大程度的降低。更为严重的是草地的退化又造成我国生态环境的恶化，自然灾害极其频繁。我国目前有三分之一以上的草地受到"三化"的困扰，草地畜牧业乃至整个国民经济得不到持续发展。

1. 草地退化的主要原因：①草场载畜量过高。②利用和管理不当。③草地人为破坏严重。④生物多样性遭到严重破坏。⑤人畜争地日趋严重。

2. 草场种类成分发生变化：原来的建成种和优势种逐渐减少或衰退，而另一些原来次要的植物（杂草）增加，再后大量的非原有的侵入种成为优势植物。

3. 草场中优良牧草生长发育减弱：草场中可食产草量下降，而有毒、有害、不可食类植物增加。

4. 草场生态环境变化：主要是草场旱化、沙化及贫瘠化越来越严重，土壤持水率较差、地面裸露和草地病虫害严重，草场生产力降低，载畜量下降，草场质量变劣，导致家畜质量降低。

### （三）草地的合理利用

草地的合理利用应着眼于对轻牧草地进行强迫采食和对重牧草地封育恢复的原则。利用不足与利用过度几乎在每一片人工草地中都同时存在，这主要是因为自由放牧或是划区轮牧不合理造成的。放牧过度草地杂草减少，播种牧草都是新发幼嫩叶片，适口性好，家畜就经常在上面采食，也就更加过牧；放牧不足的草地杂草多，播种牧草大多老化，适口性差，家畜不愿采食甚至不愿进入，也就更加放牧不足。

#### 1. 划区轮牧

划区轮牧可强迫家畜采食。对于采食不足的小区，强迫家畜采食可改善草地状况，促进牧草再生，如白三叶等下繁草能获取更多的阳光和生存空间；而对利用过度的小区则起到一种封育的效果，使上繁草得以恢复，从而抑制下繁草的生长，改善豆科牧草占有比例。

#### 2. 短期高密度放牧

主要针对放牧不足地段。在划区轮牧中，大多采用固定围栏，因受资金、管理、机械等因素的影响，小区不可能太小，故仍然会出现小区中过牧或利用不足的情况。若采用活动围栏将放牧不足的地段围起进行高密度放牧，这样可迅速消除杂草和上繁草，有利于促进下繁草生长，改善牧草质量。

#### 3. 丰草季部分封育刈割

南方属雨热同季，往往出现雨季牧草过剩而旱季牧草缺乏的现象，在丰草季节家畜很难将牧草利用完，而很大部分牧草老化，这样适口性和营养价值逐渐降低，且影响牧草再生。应根据家畜需草量计算放牧面积，将多余草地封育刈割，做成青贮料或青干草，到缺草季节利用。

### （四）草地的改良

根据退化程度和退化类别及地形特点分别用不同方法进行改良，避免全区域性的统一整地、统一混播组合、统一定植施肥的全体一致的做法，要做到利用与改良相结合。

1. 利用过度引起的退化草地改良

这类草地一般来说播种牧草含量较高，杂草较少，但豆、禾比例失调，牧草覆盖度、高度等较低，土壤板结，应采取轻耙（划破草皮）补播（缺啥补啥）封育的方法进行改良。

2. 利用不足引起的退化草地改良

这类草地播种牧草含量低，杂草多，重建整地困难，成本高，且建成后杂草危害仍相当严重。对这类草地应采取高度利用（重牧或过牧），若豆、禾比例失调的，可根据实际情况补播后封育，让其自然恢复。

3. 不可食杂草占优势的退化草地改良

这类草地一般是由于过牧后恶性杂草侵入引起的，如蒿类、白茅等杂草。对这类草地应彻底消除杂草后进行重建。

4. 科学利用草地，合理载畜

规定适宜的载畜量，载畜量是单位面积草场在适宜的放牧情况下能容纳的牲畜头数和放牧时间。要做到五个平衡，即调控草畜平衡、草地利用强度平衡、播种牧草品种平衡、牧草供给的季节平衡、土壤养分供给与牧草生长养分需求平衡，这是保障人工草地不退化的基本要素。五种平衡相互联系、相互补充，缺一不可，如果五种平衡同时建立了，高效、低耗、可持续发展的人工草地放牧系统也就建立了。

## 二、牧草栽培

### （一）黑麦草

黑麦草，禾本科黑麦草属，是重要的栽培牧草和绿肥作物。黑麦草是经济价值较高的栽培牧草，广泛栽培用作牛羊的饲草。黑麦草有多年生黑麦草和多花黑麦草两种。

1. 形态特征

黑麦草高 0.3~1 米，叶坚韧，茎直立，光滑中空，呈深绿色，小穗长在之字形花轴上，叶片长 15~35 厘米，宽 0.3~0.6 厘米，多下披。春、秋季生长繁茂，草质柔嫩多汁，适口性好，是牛、羊、兔、鸡、鹅、鱼的好饲料。供草期为 10 月至次年 5 月，夏天不能生长。颖果梭形，顶端尖锐、透明，边有细毛。

2. 生长习性

黑麦草根须发达，入土不深，丛生，分蘖多，喜温暖湿润土壤，pH值为 6~7。该草适宜温度为 12~27℃，再生能力强，温度较低对分蘖有利。黑麦草耐湿,但在排水不良或地下水位过高时生长不利。

### 3. 播种期和播种量

播种时间为 9 月上旬至 11 月上旬,可散播或条播。条播行距 11～20 厘米,覆土 1～2 厘米。每亩播种量 1～1.5 千克。散播时遇田块干旱可灌水,保持土壤湿润。

### 4. 栽培技术

黑麦草为四倍体一年生草本植物,具有抗寒性好,不易倒伏,发芽快,再生快和高产的特点,苗期生长非常旺盛,播种 45 天后可进行第一次收割,以后每隔 15 天左右可刈割一次。南方丘陵地区适宜在水稻收获后播种,到来年种植水稻的 5～6 个月时间里每亩产鲜草 7000～15000 千克以上。

(1) 施基肥和整地:播种前每亩施农家肥 500～1000 千克,如无农家肥等有机肥,可亩施钙镁磷肥 25～30 千克作基肥,施肥后翻耕整地做畦。黑麦草种子较小,要求畦面平整无大土块,用稻田播种四周开深排水沟,做到田间无积水,土壤保持湿润,又不淹苗。

(2) 播种:播种可春播或秋播,播种方式采用条播或散播,播种时间为 9 月上旬至 11 月底,最适播种期在 9～10 月份,一般播种越早,产草量越高。播种前最好晒种 1 小时左右,用温开水浸种 12 小时或用 1% 石灰水浸种 1～2 小时后再播种,这样可提高出苗率。

(3) 中耕除杂:杂草主要发生在苗期,且播种期越早,杂草长势越旺,要做好除草。播种期在 10 月下旬后,苗期一般杂草较少。除杂草方法有播种前土壤处理、芽前处理、种苗期处理三种。播种前土壤处理即在播种前一天用草甘膦等喷洒,清除田间杂草;芽前处理即在播种后、出苗前用草甘膦喷洒;种苗期杂草一般以阔叶草为主,可用阔叶草除草剂在 2～3 片叶时及时喷洒除草。黑麦草分蘖盛期后生长茂盛,有较强的抑制杂草能力,不必除草。

(4) 收割:收割产量、次数与播种期、土壤肥力和收割时株高相关,以播种期的影响最大,8 月下旬至 9 月上中旬播种,年内可收割 1～2 次,翌年起至 6 月上旬可收割 3～6 次。每收割一次应每亩追施尿素 5～10 千克。为促进黑麦草分蘖,提高产量,要求第一茬及早收割,一般株高 40 厘米左右,收割时留茬 5 厘米,以利再生。

### 5. 营养成分

黑麦草含粗蛋白 4.93%,粗脂肪 1.06%,无氮浸出物 4.57%,钙

0.075%，磷 0.07%，其中粗蛋白、粗脂肪比本地草高 3 倍以上。

**（二）甜象草**

甜象草为禾本科狼尾草属，是热带和亚热带地区广泛栽培的一种高蛋白高产牧草，具有适应性强、繁殖快、产量高、质量好和利用期长的特点，年可收割 6～8 次，每亩产量 15～30 吨。是饲养牛羊的优质青绿饲草，种植一次可连续采收 7～8 年。

1. 形态特征

甜象草植株高一般 2～3 米，根系发达，具有强大的伸展须根，能深入 40 厘米左右土层中，耐旱能力强。在温暖潮湿季节，中下部茎节能长出气生根；茎丛生、直立、有节、直径 1～2 厘米、圆形；分蘖多，可达 50～100 个；叶互生，长 40～100 厘米，宽 1～3 厘米，叶面有茸毛；种子成熟时易脱落，但发芽率很低，故通常采取无性繁殖，即采取自繁的芽节栽培。

2. 生长环境

甜象草喜温暖湿润气候，适应性广，在热带和亚热带海拔 1200 米以下地区均能良好生长，抗寒能力强，能耐 -5℃的短时低温。气温 5℃以下时停止生长，8～10℃时生长受抑制，12～14℃时开始生长，23～35℃时生长良好。该草对土壤要求不严，在沙土、黏土和微酸性土壤中均能生长，但以土层深厚、肥沃疏松的土壤最为适宜。在浏阳地区的气候条件下可自然越冬，来年发芽率 90%以上，抗病虫害能力强。

3. 栽培时间

一年四季都可栽培，有霜地区一般在 3～10 月为最佳栽培时期；也可随时育苗随时移栽。

4. 栽培技术

（1）选地与整地

甜象草好高温，喜水肥，不耐涝。宜选择土层深厚、疏松肥沃、向阳、排水性能良好的土壤。种植前应深耕，清除杂草、石块等物。将土块细碎疏松，并重施农家肥作基肥，最好实行开畦种植，有利于排水及田间管理。沙质土壤或岗坡地应整为畦，便于灌溉；陡坡地应沿等高线平行开穴种植，以利保持水土；平坦黏土地、河滩低洼地应整地为垄，垄间开沟，便于排水。新建基地，最好在栽植的上年冬季将土地深翻，过冬冻土，使土壤熟化，在栽种前再浅耕一遍，每亩施足农家肥 3000 千克或复合肥 100 千克。

（2）种苗选育及栽培

甜象草属无性繁殖植物，一般都采用成熟的甜象草茎节为种苗，采取无性的方式栽培，可利用茎节扦插或根茎分株移栽，快速扩繁。引种时要选择纯正、健康、无病虫害的甜象草种节，先撕去包裹腋芽的叶片，用刀切成小段，刀口的断面为斜面，每段保留一个节，每个节上应有一个腋芽，芽眼上部留短，下部留长。为提高成活率，有条件的可用生根粉液浸条 4 小时（1 克生根粉可处理茎节 1000 株）。当天切成的种节应当天下种，以防水分流失。

（3）田间管理

甜象草喜水，移栽大田后遇晴天久旱，应每隔 5 天浇水一次，但不耐水渍或水淹，因此，浇水应适度；雨季应注意排涝。甜象草耐肥，在施足基肥的前提下还须适时多次追肥，以促使植株早分蘖，多分蘖，加速蘖苗生长。在植株长到 60 厘米左右高时，追施一次有机肥或复合肥。一般植株在 1.5 米以上开始收割，收割时离地面留 5 厘米左右，整株收割；每次收割后两天左右，应进行松土、除苗、浇水、追肥一次。一般可追施氮肥（每亩 20～25 千克）或人畜粪肥，以确保牧草产量和质量。

（4）越冬保护

甜象草宿根性强，可连续收割 7 年，冬季应做好防冻保蔸。温度在 0℃左右的地区，可自然越冬；在霜冻期较长的地区，应培土保蔸或加盖塑料薄膜越冬。同时，应清除田间残叶杂草，减少病虫害越冬场所。

如温度过低或冰冻期较长的地区，可进行室内保种越冬，采取堆藏法、沟藏法、沙藏法或窖藏法均可，要注意管理，将温度和湿度控制在最佳范围内，否则引起甜象草干缩，降低品质和成活率。

5. 利用方式：甜象草整株收割，可以整株或者切碎后饲喂；也可以青贮或晒干后储存，冬天利用；也可以晒干后粉碎成草粉，与玉米等调制成全价颗粒料。

**（三）扁穗牛鞭草**

扁穗牛鞭草，别名牛鞭草、牛仔草、铁马鞭，为禾本科牛鞭草属多年生草本植物。广泛分布于我国长江以南地区及河北、山东、陕西等地，东南亚等温带和热带地区也有分布。

1. 形态特征

扁穗牛鞭草秆高 60～150 厘米，基部横卧地面，着土后节处易生根，有分枝；叶片顶端渐尖，基部圆，无毛，边缘粗糙，叶片长 3～13 厘米，宽 3~8 毫米；叶鞘压扁，鞘口有疏毛。总状花序压扁，长 5~10 厘米，直立，深绿色；穗轴坚韧，不易断落。

2. 植物特性

扁穗牛鞭草喜温暖湿润气候，在亚热带冬季也能保持青绿。冬季生长缓慢，只有最大生长量的十分之一；夏季生长快，7 月份日生长量可达 3.6 厘米。该草播种出苗快，出苗 15 天即分蘖，有四次分蘖期。该草再生性能好，每年可刈割 4~6 次；每次刈割后 50 天即可生长到 100 厘米以上。刈割促进分蘖，第一次刈割后分蘖数量增加 150~175 倍。扁穗牛鞭草喜炎热，耐低温。极端最高温度达 39.8℃生长良好，-3℃枝叶仍能保持青绿。在高海拔的高山地带，能在有雪覆盖下越冬。该草宜在年平均气温 16.5℃地区生长，气温低影响产量。该草耐水淹，对土壤要求不严，pH 值为 6 时生长最好。扁穗牛鞭草根系分泌酚类化合物，抑制豆科牧草的生长，与三叶草、山蚂蝗混播时，豆科牧草生长不良。

3. 栽培技术

扁穗牛鞭草在土质肥沃的土壤上生长良好，产量高。在亚热带用种苗扦插方式进行无性繁殖，全年都可栽培，春季成活率 82%，夏季 86%，秋季 97%，冬季 60%左右。株行距为 5 厘米×30 厘米为好。扦插后施一次农家肥，缓苗快，产量高。以后每刈割一次施一次农家肥或氮肥，促进生长发育。

4. 饲用价值及利用技术

扁穗牛鞭草植株粗大，叶量丰富，适口性好，是牛、羊、兔的优质饲料。一般青饲为好，青饲有清香甜味，各种家畜都喜食。调制干草不易掉叶，但脱水慢、晾晒时间长，遇雨易腐烂。青贮效果很好，利用率高。

扁穗牛鞭草粗蛋白含量高，为优质牧草之一。该草青饲较佳，以拔节到孕穗前期刈割为宜，若调制干草则以拔节到抽穗期为好，青贮则以抽穗期至结实期为宜。刈割时期不同，代谢能值亦不同。从 4 月初至 8 月中下旬拔节期刈割，干物质中的代谢能为 9.26~9.65 兆焦/千克；8 月底在开花期刈割，代谢能为 9.02~9.13 兆焦/千克，拔节期高于结实期。

**（四）白三叶草**

白三叶草，又名白车轴草、白花三叶草、车轴草、荷兰翅摇，多年生草本。有白花三叶草和红花三叶草两种，是优质豆科类牧草。

1. 形态特征

白三叶草为多年生草本，茎匍匐，无毛，茎长 30～60 厘米，掌状复叶有 3 小叶，小叶倒卵形或倒心形，长 1.2～2.5 厘米，宽 1～2 厘米，栽培的叶长可达 5 厘米，宽达 3.8 厘米，顶端圆或微凹，基部宽楔形，边缘有细齿，表面无毛，背面微有毛，三小叶着生于长柄顶端，故名"三叶草"；托叶椭圆形，顶端尖，抱茎。花序头状，有长总花梗，高出于叶；萼筒状，萼齿三角形，较萼筒短；花冠白色或淡红色。荚果倒卵状椭圆形，有种子 3～4 粒；种子细小，近圆形，黄褐色。

2. 生长习性

白三叶草喜温暖、向阳的环境和排水良好的粉沙壤土或黏土。适应性广，海拔 500～3600 米都能正常生长，pH 值 5.5～7。耐寒、耐热、耐霜、耐旱、耐践踏，不耐阴。是一种匍匐生长型的多年生牧草，喜温凉湿润气候，最适宜生长温度为 16～25℃。对土壤要求不严，只要排水良好，各种土壤都可生长，尤以富含钙质和腐殖质土壤更佳。三叶草根部具有较强的分蘖能力和再生能力，保持和豆科根瘤菌共生的特点。

3. 栽培管理

（1）地理分布：原产于欧洲，现广泛分布于温带或亚热带高海拔地区，东北、西南及长江流域地区广泛栽培。

（2）整地和种植：白三叶草种子细小，幼苗顶土力差，播种前需将土地整平耙细，以利出苗。在土壤黏重、降水量多的地域种植，应开沟做畦以利排水。

（3）播种期和播种量：以 9～10 月秋播为最佳，也可以在 3～4 月春播；每平方米用种量为 10～15g，散播或条播，条播行距 30 厘米。用等量沃土拌种后播种较好。播后保持土壤湿润，3～5 天即可出苗，10 天后全苗。

（4）施肥：施肥以磷、钾肥为主。出苗后植株矮小，叶色黄的可施少量氮肥，每亩施尿素 10 千克，以促进壮苗。在 3 月追施一次复合肥，每亩 30～40 千克开沟施入草的根部，然后浇水。明显增强长势，提高抗高温的能力，减少死苗现象。

（5）田间管理：白三叶草苗期生长缓慢，易受杂草侵害，应勤除杂草。当草层高 20～25 厘米时，可适当刈割以增强通风透气。刈割后再生能力强，可迅速形成二茬草层。形成草层覆盖后的 2～3 年间要及时除去大杂草。如果因夏季高温干旱形成缺苗，可在秋季补播。白三叶草病害少，有时也有褐斑病、白粉病发生，可先刈割，再用波尔多液、石硫合剂或多菌灵等喷洒。白三叶草虫害较多，尤以蛴螬和蜗牛为害严重。对蛴螬选用的药剂为 50% 甲基异柳磷，每亩地用 3 千克兑水 3000 千克喷雾，可分别在 4 月中旬、7 月下旬到 8 月上旬进行，喷药液后及时喷水，使药水湿透地面 7～10 厘米，蛴螬接触药土后死亡。对于蜗牛可用蜗克星颗粒剂在傍晚撒于草地内，效果非常好，杀灭率 90% 以上。

（6）越冬：白三叶草在生长过程中，由于新老枝叶不断更新生长，地面会逐渐形成一层较厚的枯枝叶层，要打扫干净，对控制病虫害发生起到抑制作用。结合防冻施一遍有机肥料，为来年草的生长提供足够养分，还具有保温作用。寒冷冬季来临前，浇一次越冬水，渗透 15～20 厘米。这样通过冬肥、冻水，不但能改善土壤养分、水分状况，还能确保安全越冬，为来年幼草返青生长创造良好条件。

4. 实用价值

白三叶草是优质的豆科类牧草，是牛、羊等草食家畜的好饲料，也可作为草坪、草地、园林中的观赏植物。白三叶草是非常有营养的食物，粗蛋白质含量高，并且数量丰富。

**（五）苏丹草**

苏丹草原产于非洲的苏丹高原，是目前世界各国栽培最普遍的一年生禾本科牧草。我国南方各地都有栽培，表现良好。

1. 形态特性

苏丹草为禾本科高粱属一年生草本植物，生长期 120 天左右。须根，根系发达。茎高可达 2～3 米，茎粗随密度不同而变化，一般 0.8～2 厘米，分蘖能力强，主要从靠近地表的几个茎节上产生茎枝，数目因栽培条件和种植密度不同而异，一般 20～30 个，分蘖期可延续整个生长期。叶片宽，线形，长 60 厘米左右，宽约 4 厘米，每茎 7～8 片，叶色深绿，表面光滑。属喜温植物，不抗寒、怕霜冻。种子发芽适宜温度为 20～30℃，最低温度 8～10℃，幼苗时期对低温尤敏感，气温下降到 2～3℃ 即受冻害，已成长的植株有一定的抗寒能力，苏丹草根系发达，抗旱力强，在年降雨量仅 250 毫米地区种植，仍可获得较高产量，但为了获得更多的青绿饲料，在生长旺季必须适当灌溉，尤其是抽穗到开花期生长最快，需水也最多，如严重缺水会影响产量，而雨水过多则易感染锈病。苏丹草对土壤要求不严，无论沙壤土、重黏土、微酸性土和盐碱土都可种植。但在过于瘠薄的土地上种植时，应注意合理施肥。

2. 栽培技术

栽培苏丹草的目的主要是利用其茎叶作饲料，故对播种期和利用期无严格限制，当表土 10 厘米处地温达 12～14℃时即可播种。播种方法多采用条播，行距 40～60 厘米，播深 4～6 厘米，播种量每亩 2 千克左右，播前土地宜深耕，施足有机肥，分蘖期、拔节期以及刈割后应及时灌溉和追施速效氮肥。苏丹草对地力消耗较大，不宜连作。为了提高产量和牧草品质，可与豆科牧草混播。每年可刈割 2～3 次，亩产 4000 千克左右。

3. 营养价值和利用方法

苏丹草营养价值较高，适口性好，各种牲畜都喜采食。抽穗期刈割，其干物质中粗蛋白质含量最高（15.3%），粗纤维含量最低（25.9%），从产量和品质考虑，于抽穗到盛花期刈割为宜。苏丹草茎叶产量高，较柔嫩，适于青饲，也可制作青贮饲料和晒制青干草。

**（六）桂牧一号杂交象草**

桂牧一号杂交象草是广西壮族自治区科技人员用矮象草为父本，杂交狼尾草为母本进行有性杂交，经多年选育而成的一种新型牧草。属于多年生禾本科牧草，具有质地柔软、叶量大、适口性好、利用率高、产量高的特点。一年刈割 5 次左右，株高 2～3 米，年亩产鲜草 8 吨左右。

1. 栽培技术

将田土打碎整平后，按行株距 70 厘米×90 厘米开土穴，穴深 7 厘米左右，每穴必须施底肥。底肥可用火土灰，猪粪和羊粪等家肥（需发酵）、磷肥、复合肥等化肥，每穴用量复合肥为 80 克左右，其他家肥适量。每穴栽种苗 1～2 根，在南方地区最佳移栽时间为每年 4 月中旬至 5 月底。

2. 田间管理

做好中耕除杂，特别是栽培初期，杂草生长速度快，要及时除杂。在高温干旱季节，要做好抗旱保水。在寒冷冬季，要做好留种越冬。留种越冬的方法有两种，一种是覆盖种蔸越冬法，即可采用稻草、薄膜、牛粪等覆盖；另一种是种茎半掩埋越冬法，即先挖一个深坑，再将种茎紧凑地竖直放入坑中，用泥土覆盖种茎的 3/4，最后用水浇湿浇透；小雪到来时在种茎顶端盖一块薄膜，保持坑里充足的氧气和通风良好。每次刈割后，用尿素或碳酸氢铵兑水逐蔸施肥，每亩用尿素 15 千克左右，或碳铵 45 千克左右。第一次刈青留茬高 4 厘米，以后每次刈青，茬向上递增约 2 厘米。

**（七）东北羊草**

东北羊草又名碱草，它是欧亚大陆草原区东部草甸草原及干旱草原上的重要建群种之一。我国东北部松嫩平原及内蒙古东部为其分布中心，在河北、山西、河南、陕西、宁夏、甘肃、青海、新疆等省（自治区）亦有分布。

1. 形态特征

东北羊草属多年生草本植物。具有发达的地下横走根茎，根茎穿透侵占能力很强，且能形成强大的根网，盘结固持土壤作用很大，是很好的水土保持植物。秆散生，直立，高 40～90 厘米，具 4～5 节，叶鞘平滑，基部残留叶鞘呈纤维状，枯黄色；叶舌截平，顶端具齿裂，纸质，叶片长 7～18 厘米，宽 3～6 毫米，扁平或内卷，上面及边缘粗糙，下面较平滑。穗状花序直立，长 7～15 厘米，宽 10～15 毫米，穗轴边缘具细小纤毛，节间长 6～10 毫米，基部节间长可达 16 毫米，小穗长 10～22 毫米，含 5～10 枚花，通常 2 枚生于一节，上部或基部者通常单生，粉绿色，成熟时变黄，小穗轴节间平滑，长 1～1.5 毫米，颖锥状，等于或短于第一花，不覆盖第一外稃的基部，质地较硬，具不明显 3 脉，背面中下部平滑，上部粗糙，边缘微具纤毛；外稃披针形，具狭窄的膜质边缘，顶端渐尖或形成芒状小尖头，背部具不明显的 5 脉，基部平滑，第一外稃长 8～9 毫米；内稃与外稃等长，先端常微 2 裂。花果期 6～8 月。东北羊草最适宜于我国东北、华北诸省（自治区）种植，在寒冷、干燥地区生长良好。春季返青早，秋季枯黄晚，能在较长时间内提供较多的青饲料。

2. 栽培技术

耕翻深度 20～25 厘米，对种子进行稀土浸种，药物拌种和丸衣处理。播种期为 6 月上旬至 7 月上旬，每公顷播种 37～45 千克，天然草场补播每公顷 30 千克左右。条播行距 15～30 厘米，覆土 2～3 厘米。

3. 田间管理

苗期需要防除杂草，有条件的需要进行灌溉和追肥，生长期注意防止病虫害，生长 5～6 年后要对草场进行松耙。播种 2 年后方可开始利用，每年刈割 2～3 次，但最后一次刈割应在停止生长前 30～40 天进行；留茬 8～10 厘米，天然草场补播 2 年后可适度放牧。

4. 营养价值和利用方法

东北羊草叶量多、营养丰富、适口性好，各类家畜一年四季均喜食。

花期前粗蛋白质含量一般占干物质的 11％以上，分蘖期高达 18.53％，且矿物质、胡萝卜素含量丰富。每千克干物质中含胡萝卜素 49.5～85.87毫克。羊草调制成干草后，粗蛋白质含量仍能保持在 10％左右，且气味芳香、适口性好、耐贮藏。羊草产量高，增产潜力大，在良好的管理条件下，一般每公顷产干草 3000～7500 千克，产种子 150～375 千克。东北羊草可放牧利用、青饲和青贮，但主要供调制干草用。

# 第四节　日粮配制

## 一、日粮配制原则

科学配制日粮是养羊生产的一个重要环节。不同山羊有不同的生理特点，对饲料中营养含量的需求不同，同一种山羊不同生长阶段对营养的需求也有所差别，因此山羊日粮配制要具体情况具体分析，运用科学方法，根据山羊的营养需要、饲料的营养价值、原料的现状及价格等条件合理地确定各种饲料原料的配合比例，以满足山羊在一定条件（生长阶段、生理状况、生产水平等）下对各种营养物质的需要。

### （一）营养全面原则

在配制日粮时，必须以山羊的营养需要标准为基础，结合生产实践经验，对标准进行适当的调整，以保证日粮的全价性；同时，注意饲料的多样化，做到多种饲料合理搭配，以充分发挥各种饲料的营养互补作用，提高日粮中营养物质的利用效率。

### （二）适口饱饲原则

饲料的适口性直接影响山羊的采食量。山羊对异味的饲料极为敏感，如氨化秸秆的适口性较差，羊不喜欢吃带有叶毛和蜡质的植物等。山羊的日粮应选择适口性好、无异味的饲料，以青饲料、干粗饲料、青贮饲料、精料及各种补充饲料等加以搭配使用，同时要考虑到日粮体积与羊消化道相适应，既要使配合的日粮有一定的体积，羊吃后具有饱感，又要保证日粮有适宜的养分浓度，使羊每天采食的饲料能满足所需的营养。

### （三）经济实惠原则

经济实惠性即考虑合理的经济效益。饲料费用在山羊生产成本中占很大比重（约 70％），在追求高质量的同时，往往会增加成本。喂给高效饲料时，得考虑畜禽的生产成本是否为最低或收益是否为最大。而山羊是反刍动物，在所有的家畜中，能利用的饲料资源最为丰富，对日粮中蛋白质的品质要求也不高，可大量使用青粗饲料，尤其是能利用农作物秸秆、杂草等粗饲料，尿素等非蛋白氮。因此，配制日粮时，应以青粗饲料为主，再补充精料等其他饲料，尽量做到因地制宜，选用当地来源广泛、营养丰富、价格低廉的饲料配制日粮，以降低生产成本，实现优质、高产、高效的目标。

**（四）安全无毒原则**

消费者对肉类食品的要求越来越高，希望能购买到安全的肉食品。因此，配合日粮时不能使用发霉变质的饲料原料、禁用药物和瘦肉精等对人体健康有毒有害的物质，尽量不添加抗生素类药物性添加剂，必须保证饲料的安全、无毒、可靠。

二、日粮配制步骤

第一步：明确目标。

不同的目标对配方要求有所差别。随着山羊养殖目标的不同，配方设计必须作相应的调整，只有明确了目标，才能实现各种层次的需求。

例：对一批体重 20 千克、营养状况良好、健康的黑山羊进行育肥，要求日增重 200 克，采用放牧与舍饲补料相结合的饲养方法，精料采用当地玉米、大豆粕等原料进行饲养，配制育肥日粮。

第二步：确定营养需要量。

由于山羊品种繁多，生产性能各异，加上环境条件、饲养方式的不同，因此在选择饲养标准时不应照搬，而是在参考标准的同时，根据当地的实际情况，进行必要的调整，确定所需配制日粮的营养需要量。黑山羊每天营养需要标准见表 3-1。

表 3-1　　　　　　　　　黑山羊每天营养需要标准

| 体重<br>（千克） | 日增重<br>（千克） | 干物质采食量<br>（千克） | 消化能<br>（兆焦） | 粗蛋白质<br>（克） | 钙<br>（克） | 总磷<br>（克） | 食用盐<br>（克） |
|---|---|---|---|---|---|---|---|
| 20 | 0.20 | 0.76 | 8.29 | 87 | 8.5 | 5.6 | 3.8 |

第三步：选择饲料原料。

根据本地的实际情况，就地取材，选用当地来源广泛、营养丰富、价格低廉的饲料原料，并确定其养分含量和动物的利用率。

表 3 - 2　　　　　　　　　　　　　　　所选原料营养成分

| 中国饲料号 | 饲料名称 | 干物质（%） | 羊每千克干物质消化能（兆焦） | 粗蛋白质（%） | 钙（%） | 磷（%） |
|---|---|---|---|---|---|---|
| 1 - 05 - 0644 | 草 | 92 | 9.56 | 7.3 | 0.22 | 0.14 |
| 4 - 07 - 0280 | 玉米 | 86 | 14.14 | 7.8 | 0.02 | 0.27 |
| 5 - 10 - 0102 | 大豆粕 | 89 | 14.31 | 47.9 | 0.34 | 0.65 |
| 6 - 14 - 0006 | 石粉 | | | | 35.84 | 0.01 |
| 6 - 14 - 0003 | 磷酸氢钙 | | | | 23.29 | 18 |

第四步：确定粗饲料的投喂量。

配制日粮时，首先要根据当地的粗饲料和山羊不同的生长阶段，假设粗饲料的每天投喂量，计算出粗饲料提供的营养量。一般成年羊粗饲料干物质采食量占体重的 1.5%～2.0%，精料与粗料比以 50∶50 为佳，生长羔羊精料与粗料比可增加到 85∶15。

假设每只黑山羊饲喂草 0.76 千克，则计算出草的消化能：$0.76 \times 9.56 = 7.2656$ 兆焦，与山羊需要量 8.29 兆焦相比，尚缺 $8.29 - 7.2656 = 1.0244$ 兆焦，不足部分用玉米等原料来补充。

第五步：计算精料补充料的配方。

粗饲料不能满足的营养成分要由精料补充。在计算精料补充料的配方时，根据消化能先查看能量，再查看粗蛋白质，最后查看钙、磷需求量。

玉米与羊草能量对比相差部分为：$14.14 - 9.56 = 4.58$ 兆焦/千克。

玉米需要量：$1.0244$ 兆焦 $\div 4.58$ 兆焦/千克 $= 0.2237$ 千克。

则羊草用量为：$0.76 - 0.2237 = 0.5363$ 千克。

羊草和玉米能提供的粗蛋白质与山羊需要量对比相差部分为：$0.087$ 千克 $- (0.5363$ 千克 $\times 7.3\% + 0.2237$ 千克 $\times 7.8\%) = 0.0304$ 千克。

蛋白质不足部分由大豆粕补充，大豆粕与玉米粗蛋白质含量相差：$47.9\% - 7.8\% = 40.1\%$。

日粮中大豆粕的需要量为：$0.0304$ 千克 $\div 40.1\% = 0.0758$ 千克。

已知在满足能量需要的前提下，日粮中精饲料的干物质量为 0.2237 千克，那么在同时满足能量与蛋白质需要量的前提下，玉米的需要量为：$0.2237 - 0.0758 = 0.1479$ 千克。

通过以上得知，日粮中应含羊草 0.5363 千克，玉米 0.1479 千克，大豆粕 0.0758 千克。

3 种饲料可提供的磷为：$0.5363 \times 0.14\% + 0.1479 \times 0.27\% + 0.0758 \times 0.65\% = 0.001643$ 千克 $= 1.643$ 克。

与山羊需求量相比，尚缺磷为：5.6 克 $-$ 1.643 克 $=$ 3.957 克。

磷不足部分由磷酸氢钙补充：$3.957 \div 18\% = 21.98$ 克。

4 种饲料可提供的钙为：$0.5363 \times 0.22\% + 0.1479 \times 0.02\% + 0.0758 \times 0.34\% + 0.02198 \times 23.29\% = 0.00659$ 千克 $6.59$ 克。

与山羊需求量相比，尚缺钙为：8.5 克 $-$ 6.59 克 $=$ 1.91 克。

钙不足部分由石粉补充：$1.91 \div 35.84\% = 5.33$ 克。

根据饲养标准，饲料干物质换算成实际用的风干饲料量。

羊草：0.5363 千克 $\div 92\% = 0.5829$ 千克。

玉米：0.1479 千克 $\div 86\% = 0.1720$ 千克。

大豆粕：0.0758 千克 $\div 89\% = 0.0852$ 千克。

根据以上能量、粗蛋白质、矿物质等的需求量计算，初步拟定日粮中各饲料原料的配合比（表 3-3）。

表 3-3　　　　　　　　　初步拟定日粮配合比表

| 日粮组成 | 羊草 | 玉米 | 大豆粕 | 石粉 | 磷酸氢钙 | 食用盐 | 预混料 |
|---|---|---|---|---|---|---|---|
| 日粮配比（％） | 66.58 | 19.64 | 9.73 | 0.60 | 2.51 | 0.44 | 0.50 |

第六步：日粮配方检查、调整与质量评定。

对配制的精料进行取样化验，将分析结果和预期值进行对比、评定、调整，如实际营养提供量与营养需要量之比在 95％～105％，说明达到饲料配制的目的。另根据实践应用，检验日粮配方效果，再作全面推广使用。日粮配方与每天营养需要标准对比表见 3-4。

表 3-4　　　　　　　日粮配方与每天营养需要标准对比表

| 营养指标 | 标准值 | 营养水平 | 与标准的差值 |
|---|---|---|---|
| 消化能（兆焦） | 8.29 | 8.30 | 0.01 |
| 粗蛋白质（克） | 87 | 86.99 | $-$ 0.01 |
| 钙（克） | 8.5 | 8.5 | 0 |
| 总磷（克） | 5.6 | 5.6 | 0 |
| 食用盐（克） | 3.8 | 3.8 | 0 |

### 三、日粮配制注意事项

1. 注意灵活应用饲养标准。根据山羊不同的品种、生产阶段、性别、季节、饲养方式（如是否放牧、放牧时间长短）选用不同的营养水平，科学确定日粮配方的营养标准。

2. 在选用精料原料时要注意营养含量。日粮配方设计时一定要注意原料的养分含量的取值，尽量让原料的营养含量取值相对合理或接近，使配制的日粮既能满足山羊的生理需要，又能符合山羊产品质量标准，同时也不浪费饲料原料。

3. 注意日粮组成体积应与山羊消化道大小相适应。日粮组成的体积过大，不仅使消化道负担过重，而且影响饲料的消化吸收；体积过小，即使营养物质已满足需要，但山羊仍感饥饿，而处于不安状态，均不利于正常生长、生产。山羊每天饲喂量，由于其品种、年龄、体重、生产情况的不同差异很大，应分别掌握，做到营养平衡、消化率与体积适中，使所配日粮能达到预期效果。

4. 注意控制粗纤维的含量。山羊是反刍动物，在利用粗纤维上存在差别，根据山羊不同的生长阶段和不同生理需求，科学控制粗纤维在饲料中的含量。

5. 注意原料的适口性。山羊采食量的多少，主要受山羊的体重、性别和健康状态、环境温度和饲料品质与养分浓度等因素的影响。而对于健康羊群，饲料的适口性则是决定山羊采食量多少的主因。因此，在考虑饲料的营养价值、消化率、价格因素的基础上，要尽量选用适口性好的日粮原料，以保证所配日粮能使山羊足量采食。

6. 注意原料营养成分之间适宜配比。营养物质之间的相互关系，可以归纳为协同作用和拮抗作用两个方面。具有协同作用就能使饲料营养的利用率提高，改善饲料报酬，降低饲养成本。不合理的配比或具有拮抗作用，就会降低使用效果，甚至产生副作用。

7. 注意原料的可利用性。日粮配制应从经济、实用的原则出发，尽可能选择当地常用的原料品种，利用当地便于采购的原料，实现有限资源的最佳分配和多种物质的互补作用。

8. 注意日粮的安全性和合法性。饲料安全问题不仅是一个经济问题，更是一个严肃的政治问题，是影响一个地区和国家经济发展、人们健康和社会稳定的大事。因此，在设计日粮配制时必须遵循《饲料和饲料添加剂管理条例》《兽药管理条例》《禁止在饲料和动物饮用水中使用的药物品种目录》等有关法律法规，决不违禁违规使用药物添加剂，不超量使用微量元素和有毒有害原料，正确使用允许使用的饲料原料和添加剂，确保饲料产品的安全性和合法性。

# 第四章　山羊的饲养管理

## 第一节　山羊的生活习性

### 一、活泼好动喜攀登

活泼好动、爱斗架玩耍、行动敏捷、喜登高是山羊的特点，尤其湘东黑山羊更为突出。放牧时，山羊游走不定，喜攀登陡峭的岩石，在陡坡和悬崖上能够跳跃自如。根据这个特点，可以在羊舍内设立石制或木制的高台，以供山羊活动。

### 二、合群性强易训练

山羊喜欢群居及结伴野外采食，很少单独离群，如个体离群就会鸣叫不安，这便于放牧管理。山羊具有爱清洁的习性，喜欢吃干净的饲草，饮清凉卫生的水。在采食前，总是先嗅后吃，被污染的草料，宁饿也不吃。因此，放牧的牧场要定时更换，要有清洁的饮水。舍饲时，草料要置于草架上或草筐里，不宜放在地上，以免污染。日常要加强管理，饲槽要勤扫，饮水要勤换。

### 三、抵抗疾病能力强

山羊对疾病的抵抗力比较强，不易发病，在发病初期其临床症状一般不易发现，一旦出现比较明显的症状时，病情多半很严重了。因此，在放牧过程中，要经常细致观察其羊群中的细小变化，才能及时发现病羊，如个别羊只表现离群落后，可能是羊只有病，及早发现病情及时防治。一旦等到羊只停止采食或反刍时再进行治疗，疗效往往不容乐观，会给山羊生产造成损失。

## 四、采食性能广泛，饲料利用率高

山羊嘴尖、牙利、唇薄，采食饲草种类广。既能采食一般的草本科牧草丛的叶子，也能采食枝茎长有尖刺的灌木丛的叶子。喜啃食一些短小的草本科牧草而不喜采食宽大叶子的牧草。有些牛不吃的或带有微毒性、苦涩、枝硬的灌木丛什草及树叶也能津津有味地啃吃，而未见有中毒现象。

## 五、爱干燥，厌潮湿

山羊喜干爽、凉爽的生活环境，潮湿、闷热和污秽的环境易使羊群患各种疾病，如羔羊泻痢、腐蹄、烂嘴等。因此，建造羊舍时，应选择地势高、干燥的土坡上，背风向阳，通风良好，排水畅通的地方。羊舍要设有栖架，不宜让羊栖息于地板上。每天出牧的时间不宜太早，应待太阳出来后，牧地水雾散去后才能放牧。如逢雨天，应在舍内割草饲养，以免引起各种疾病。

## 六、早熟多胎繁殖快

山羊体成熟都较早，一般在一岁以前即可生产第一胎（第一胎多为单羔），而且一年能产2胎。母羊出生后7～8月龄便可配种开产。如饲养管理好并配羔羊补料提早断奶及早催情配种，可达到2年产4.5～5胎，2～3岁的经产母羊每胎可产羔1～3只，平均1.5只，一年内生产2胎，共产羔3只。3～5岁的母羊进入繁殖高峰，每胎多生产2羔。

# 第二节　饲养管理技术

## 一、母羊的饲养管理

根据母羊的生理阶段，可分为空怀期、妊娠期和泌乳期3个阶段。种母羊是扩展羊群的基础，饲养种母羊的主要任务是促进正常发情、排卵、泌乳，提高繁殖率。因此，每个阶段的母羊应根据配种、妊娠、泌乳等不同的生产环节给予合理的饲养，使母羊能够正常的发情配种和繁殖。

**（一）空怀期母羊的饲养管理**

哺乳母羊断奶后，体质较差，必须加强饲养管理，充分放牧，使之迅速恢复体况，促进正常发情、排卵和受孕。空怀期母羊配种前可实行短期优饲：配种前 10～15 天，母羊日补精料 0.2 千克，补充适当的胡萝卜或含维生素高的青绿饲料，这样便于母羊发情排卵和受精卵的着床，使之产羔集中，多产羔。

**（二）妊娠期母羊的饲养管理**

1. 怀孕 1 个月左右，是保证胎儿正常生长发育的关键时期。此时胎儿尚小，母羊所需的营养物质虽要求不高，但必须相对全面。特别在秋后、冬季和早春，牧地草质枯萎粗老，受饲草中营养物质的局限性，养殖户则应根据母羊的营养状况适当地添补精料。

2. 怀孕 2 个月后，随着怀孕月龄的增加，胎儿发育逐渐加快，应逐渐增加补喂精料的饲喂量，每天可给孕羊补喂 2～3 次，每次每只羊喂给混合精料 50～100 克，青年母羊还可适当地增加精料。

3. 怀孕 3 个月后，孕羊饲喂饲草的总容积要适当地加以控制，补饲应做到少喂勤添，以防一次性喂量过多压迫胎儿而影响正常生长发育。

4. 怀孕 4 个月以后，胎儿体重已达到了羔羊出生时体重的 60%～70%，同时母羊还要贮积一定量的营养物质以备产后哺乳。一般在怀孕 4 个月以后进行集中补料，精料的饲喂量应增加到怀孕前期的两倍左右，而饲喂的饲草和补喂的精料要力求新鲜、多样化，幼嫩的青绿多汁饲料则可多喂。禁止喂给未经去毒处理的棉籽饼或菜籽饼、马铃薯、酒糟，禁喂霉烂变质、过冷或过热、酸性过重或掺有麦角、毒草（如闹羊花、无刺含羞草等）的饲料，以免引起母羊流产、难产和发生产后疾病。

5. 产前 1 个月左右，适当控制粗料的饲喂量，尽可能喂些质地柔软的饲料，以利通肠利便。

6. 分娩前 10 天左右，根据母羊的食欲、消化状况，减少饲料的喂量。

7. 产前 2～3 天，对于体质好的母羊，从原日粮中减少 1/3～1/2 的饲料喂量，以防母羊分娩初期乳量过多或乳汁过浓而引起母羊乳房炎、回乳和羔羊消化不良而下痢；对于比较瘦弱的母羊，产前 1 周内乳房干瘪，除减少粗料喂量外，还应适当增加豆饼、豆渣等富含蛋白质的催乳饲料，以及青绿多汁的轻泻性饲料，以防母羊产后缺乳。

### （三）泌乳期母羊的饲养管理

这一阶段的主要任务是供给羔羊充足的乳汁，饲养上必须根据母羊的泌乳规律和产后的生理情况进行饲养管理。母羊产后的最初几天，必须加强护理，饲养以舍饲为主，以优质嫩草、干草作为主要饲料，每天给 3～4 次清洁饮水，并在饮水中加少量的食盐、麸皮，或喂给米汤、米渖水，让其自由饮用。母羊乳汁充足，可不补或少补精料，不足时可给母羊补饲青绿多汁饲料和适量精料。母羊产后 15～20 天，根据母羊乳汁量可适当增加补饲。一般每天可补饲精料 0.3～0.5 千克，并尽量喂给优质青绿饲料，以刺激泌乳功能的充分发挥。在管理上要注意保持栏舍的干燥、清洁，并做到定期清粪、消毒；不要到灌丛、荆棘中放牧，以免刺伤母羊乳房。

### 二、公羊的饲养管理

优良的种公羊常年保持精力充沛，性欲旺盛，精液品质优良，膘体适中。过肥过瘦都不利于配种。种公羊的性欲一般呈规律变化，入夏后，食欲逐渐减弱而性欲不断增强。因此，饲养上应在春季性欲旺盛前，尽量延长放牧时间，让公羊大量采食各种牧草，力争入夏前基本达到膘体丰满，颈部粗壮，全身看不到突出的关节棱角，皮毛滑顺有光泽，但不过肥。夏秋季节，公羊逐渐进入配种旺季，这时，应适当补充适口性好、富含蛋白质、维生素、矿物质的混合精料和青干草。配种淡季或非配种期，以放牧饲养为主，可以不补充精料或少补精料，但营养水平不能过低。在管理上种公羊应单独放牧饲养，尽量不与母羊混群。同时种公羊应避免到树桩较多的茂密林地放牧，以防止树桩划伤阴囊。

### 三、育成羊的饲养管理

根据产区的气候特点，一年四季都可放牧，但不同的季节，牧草生长和气候环境有一定的差异，其放牧管理方面也有所不同。

1. 春季放牧应选择适宜的草地，并合理补饲，使山羊迅速恢复体力，促进健康。放牧时注意由吃枯草逐渐过渡到吃青草，放牧时间每天 4～6 小时逐渐延长，早春不宜出牧过早，防止山羊突然采食过量的青草和水分充足的饲草而导致鼓胀、腹泻或发青草征。

2. 夏季放牧应选择凉爽、通风、背阴、饮水方便的山地放牧。适当延长放牧时间，清早出牧，傍晚归牧，中午在通风林荫内休息，防止暴晒中暑。注意供给充足的饮水，并补充食盐。

3. 秋季是最佳放牧时期，应坚持早出晚归，增加山羊采食时间。秋末，早霜开始降临，应防止采食霜草，可适当晚出，坚持晚归，中午不休息，秋季放牧每天应保持 10～12 小时。

4. 冬季放牧应适当减少放牧时间，根据天气，日放牧时间 4～6 小时为宜，并选择避风向阳、地势高燥、水源好的山脚和阳坡堤凹处的草地放牧，坚持晚出，防止吃霜草。同时结合补饲，以达到保膘的目的。

5. 在放牧过程中饮水和喂盐不可缺少，山羊饮水可根据放牧季节、温度、湿度及牧草的含水量而定，一般夏季每天饮水 2～3 次，温度高时可适量增加，其他季节每天饮水一次即可。舍饲喂干饲料时，应增加饮水。饮水必须清洁卫生，防止饮脏水、污水。喂食盐可以调节山羊体液的酸碱平衡，维持正常的体细胞渗透压，提高食欲，促进消化液的分泌，促进山羊生长发育等。食盐喂量为：公羊每天每只 5～8 克，哺乳母羊 10～15 克，其他羊只 10 克左右。长期缺盐，可致山羊食欲降低，生长缓慢，营养不良，生长力下降。

## 四、羔羊的饲养管理

羔羊生长发育快、可塑性大，对羔羊进行合理培育，既可以使其发挥优良的遗传性能，又能加强其与外界条件相适应，有利于个体发育，提高生产力。

1. 抓好羔羊的哺乳工作。保证羔羊出生 24 小时内吃好初乳，平时吃好常乳。

2. 抓好羔羊的早期断奶工作。要提早补料，使羔羊在 30～45 天安全断奶。10 日龄时采食幼嫩的青干草；15～20 日龄时适量补饲精料，并加入 1% 的食盐和骨粉，以及铜、铁、锰、锌、钴等微量元素添加剂（也可采取将营养舔砖悬挂在羔羊能舔食位置的办法）。

3. 加强运动、增强羔羊体质，促进生长发育。

4. 适时驱虫。羔羊 40 日龄后多感染球虫和绦虫，驱绦虫可用硫酸二氯酚或灭绦灵（氯硝柳胺）喂羊，驱球虫可用氨丙啉或硫化二苯胺灌服。

5. 防寒防湿、通风保暖。羔羊抵抗力弱，寒冷、潮湿、脏污等可导致羔羊患病。因此，羔羊栏舍要保持干燥、清洁通风、冬暖夏凉，为羔羊创造安静舒适的饲养环境。

## 五、育肥羊的饲养管理

### (一) 羊只的选择

优先选择初生体重大，生长发育良好，外貌好，体躯长，后躯方正，四肢及头部端正的羊作育肥羊。

### (二) 育肥前的准备

育肥的目的，是为了缩短饲养周期，以最小的投入获得最高的日增重，同时改善羊肉的品质，从而提高经济效益。

山羊在育肥前应做好以下准备工作：

1. 准备投入育肥的羊，事先应经过健康检查，无病的才能进行育肥。

2. 育肥羊应分类组群。根据羊的年龄、体重、性别、品种以及对饲料采食、消化、吸收和转化能力的不同进行分类组群。

3. 育肥羊在投入育肥前，应进行驱虫、防疫，以确保育肥工作顺利进行。

4. 大公羊在育肥前应去势。6 月龄以上的本地公羊也应去势。但 10 月龄以内的杂交羔羊不必去势。

5. 育肥前应进行称重，以便结束时检查育肥效果。

6. 饲料的贮备。饲料的贮备是育肥的物质基础，特别是舍饲育肥。饲料的贮备包括精料的贮备和粗饲料的贮备。一般按每只羊每天粗饲料 3～5 千克，精料 0.25～0.3 千克，食盐 10 克贮备。

### (三) 育肥的方法

山羊育肥的方法有三种，放牧育肥、舍饲育肥和混合育肥。采用什么方法育肥合适，要看在什么季节，什么品种以及市场需求来决定育肥方法。

1. 放牧育肥：只能在青草期进行，必须有优良的草场。对山羊的放牧育肥主要是在仲晚秋及初冬季节进行，此时牧草抽穗结籽，营养丰富，适口性好，羊采食充分，吃进去的牧草能满足羊育肥的需要。如果草场不好则不可能完全依靠放牧来育肥羊。放牧育肥的优点是成本低，经济效益高。

2. 舍饲育肥：是指充分利用粮食、农副产品等饲料，参照饲养标准和根据饲料营养成分含量配制山羊的饲喂日粮，并完全在舍内饲养的一种育肥方式。采取舍饲育肥，可按市场需求实现规模化、集约化养羊，对房舍的设备和劳动力利用合理，劳动生产效率高。更重要的是能缩短饲养周期，节约大量的维持消耗。另外，舍饲育肥，按饲养标准饲养，营养丰富平衡，使羊的质量提高。

舍饲育肥期的长短因羊只的年龄而异。成年羊的舍饲育肥一般于宰前 60～90 天进行短期育肥，故称为短期快速育肥。羔羊的舍饲育肥因市场需求不同而变化。肥羔生产则要求在出生后的 4～6 月龄，体重达到 35～40 千克。育肥的时间为断奶后 3～4 个月。羔羊肉生产则要求在出生后的 8～10 月龄，体重达到 35～40 千克。即做到当年产羔当年出栏，育肥时间一般为 6～8 个月。

3. 混合育肥：混合育肥又称放牧加补饲育肥。这是山羊目前普遍采取的育肥方法。即采用白天放牧，夜间补饲精料的育肥方法。山羊饲养中采用白天放牧，夜间补饲玉米、稻谷或营养舔砖等。

## 六、山羊安全越冬的主要措施

### (一) 夏、秋贮膘

入冬以前，在牧草旺盛的夏、秋季节，必须充分放牧，尽一切力量满足营养，抓好羊膘，为山羊越冬贮备丰富的体脂和能量。

### (二) 贮备足够的草料

山羊在越冬前，要根据枯草季节的长短，贮备好足够的越冬饲料。如晒制青干草，收存干红薯藤、花生苗、豆秆、玉米秸秆、树叶、稻草、麦秆、油菜秸秆等。制作青贮饲料或氨化饲料，并准备越冬的精饲料。

### (三) 选优去劣，合理分群

越冬前，对于已达到出栏要求的商品肉羊，应全部出栏，并淘汰失去饲养价值的种羊和瘦弱的羊只。将优良的山羊个体逐只选留下来，组成优秀的越冬羊群，减轻山羊越冬的负担。

### (四) 驱虫和补饲

经过整顿后的羊群，应在越冬前用高效广谱驱虫药——双威片剂对全部羊只进行彻底驱虫。在尽可能保持放牧的基础上，按年龄、体重、性别、强弱等进行分群，妊娠母羊按怀孕期长短分群，进行合理补饲。对弱小羊、怀孕后期羊和哺乳羊要重点补饲。

### (五) 防寒保暖

入冬后搞好羊群的防寒保暖工作，是使羊只安全越冬、保膘保胎(羔)的重要措施之一。羊圈要背风向阳，避免西北风(尤其是贼风)的侵袭。要维修好围墙或围栏。圈内保持干净、干燥，刨起的粪堆在圈内北侧和西北侧，可起到防寒增温的作用。母羊产羔前，应单独移入产羔室护理。有条件的可将产羔母羊和羔羊放在温暖的室内饲养，以保母子安全过冬。

# 第三节　山羊的基本管理

## 一、放牧管理

### （一）合理组织羊群

通常可根据性别、年龄和生产性能高低对羊只分别组群〔如分为种公羊群、繁殖母羊群、后备羊群（育成羊按性别组群）〕，当羯羊数量较少时，可编入母羊群放牧，数量多时，则单独组群。山羊的组群数量以30～50只为宜，过大不利于放牧管理。

### （二）放牧要点及注意事项

1. 放牧时间：要根据不同地区的气候条件和牧草生长发育的季节性变化，合理确定出牧时间、放牧时长。冬春季节，要尽可能延长白天放牧的时间，避开早晚气温过低的时段，防止羊只采食霜冻的草料；夏季气温较高时，要利用早晚比较凉爽的时间放牧，中午将羊群赶回羊舍或寻找有荫蔽的地方休息，减少正午时太阳对羊只的直接照射，避免羊群扎堆拥挤和中暑。

2. 放牧方法：大群放牧，通常采取满天星或一条线的放牧形式。小群放牧，通常采用分牧或者轮流放牧的形式。

## 二、羊只编号

在羊的大群生产和育种工作中，为了规范管理、提高管理水平和效率，必须对羊只进行编号。对山羊的编号较多地采用耳标法或者耳缺法。

1. 耳标法：采用塑料耳标或者金属耳标。按事先制订的编号规则，将耳号书写或打印在耳标上，用耳号钳将耳标置于羊的耳部。

编号规则：为了便于计算机管理，耳号编制可采用 8 字节，记录的信息包括场号、年度号、个体号，另外还可加入杂交、横交等标识。

例如："XC017018"表示湘川种山羊场 2017 年的第 18 号母羊，同时我们还以首位数为奇数的代表公羔，偶数代表母羔。既清晰易懂，又简洁丰富。

2. 耳缺法：直接用耳号钳在羊耳的不同部位打上缺口来进行编号的方法。规则："左大右小，上大下小，上三下一"，耳尖的缺口一般用于表示百位数或者表示等级。

三、体尺测量

鉴别羊的生长发育速度和生产性能高低，往往要根据羊身体各部位的体尺来判断，测量项目的多少视测量的目的而定。一般体尺测量项目有体高、体长、胸围和管围四项。测量的部位和方法如下：

1. 额宽：两眼外突起间的直线距离。

2. 体高：由鬐甲最高点到地面的垂直距离。

3. 体斜长：由肩胛骨到坐骨结节后端的直线距离。

4. 胸宽：左右肩胛骨后端，左右肋骨间的宽度。

5. 胸深：由鬐甲最高点到胸骨底面的距离。

6. 胸围：在肩胛骨后缘 3～4 指处，绕胸一周的长度。

7. 管围：管骨上 1/3 处的周长。

8. 腰角宽（髋关节宽）：两髋骨突间的直线距离。

测量时所用的工具有：测杖、卷尺和圆形测量器等。体尺测量时要让羊站立在平坦的场地，姿势要端正。测量胸围、管围时，卷尺要不松不紧，以求测量数据准确。

# 第五章　山羊的防疫与常见病防治

## 第一节　山羊场卫生消毒的标准化操作

防止病原微生物的侵入、繁殖、扩散是保护羊群健康的关键。生产中，良好的消毒灭源措施能有效控制病原微生物的生长繁殖、传播，切断病原微生物的生存、传播之路。所以规模化羊场必须制定严谨的消毒方案，为羊群健康生长提供良好的环境保证。

### 一、消毒药物的选择方法

#### （一）药物选择

依据羊场的常见疫病种类、流行情况和消毒对象、消毒设备、羊场条件等，选择适合自身实际情况的两种或两种以上不同性质的消毒药物。同时考虑药物生效快、稳定性好、渗透性强、毒性低、刺激性和腐蚀性小等特点及价格因素。

充分考虑本地区的羊群疫病流行情况和疫病可能的发展趋势，选择储备和使用两种或两种以上不同性质的消毒药物。

创造条件，定期开展消毒药物的消毒效果监测，依据实际的消毒效果来选择较为理想的消毒药物。

#### （二）羊场常用的消毒剂及消毒剂种类

碘制剂：主要有威力碘、百菌消—30、速效碘等。

强碱类：主要指2%或3%烧碱溶液、石灰粉或石粉乳。烧碱可用于空舍、场区、外环境的消毒。石灰粉既消毒又防潮，适用于产房，也可撒在场区周围形成一条隔离带。

季铵盐类：如安力2000、百毒杀等。此类消毒药主要适用于新建羊场。

醛类：甲醛又称福尔马林，根据浓度不同可用于手术消毒、环境熏蒸消毒，也可作防腐剂。

过氧化物类：如过氧乙酸，分为 A、B 两瓶装，使用时先将 A、B 液混合 24～48 小时后使用，有效浓度为 18% 左右，喷雾消毒的浓度为 0.2%～0.5%，现用现配。

氯制剂：如漂白粉、消毒威、99 消毒王等。消毒威使用的浓度为 400～500 倍溶液喷雾消毒。

酚类：如菌毒灭，使用浓度为 1∶100～1∶300。

弱酸类：如灭毒净，使用浓度为 1∶500～1∶800。

## 二、山羊场消毒方法

### (一) 常规消毒方法

常规消毒重点是场区入口、生产区入口、进舍入口、羊群、场内环境等及兽医器械的清洗消毒。

进入羊场的所有人员，应采取"踩、洗、照、换"四步消毒程序（踩火碱消毒垫，散射紫外线照射 5～10 分钟，消毒药液洗手，更换场区工作服和胶靴），经过专用的消毒通道进入场区。

场区入口处的车辆消毒池长度应大于进场车轮周长两倍，宽度与整个入口相同，池内药液高度为 15～20 厘米，同时，配置低压消毒器械，对进场的生产车辆实施喷雾消毒。

进入场区的所有物品，必须根据物品特点选择使用多种消毒形式（如紫外灯照射 30～60 分钟，消毒药液喷雾、浸泡或擦拭等）中的一种或组合进行综合消毒处理。

终末消毒方案：羊场的终末消毒主要是在疫病平息后，对单栋舍或空舍后实施的消毒措施，是防止病原微生物扩散，保证羊群健康和防止疫病发生的重要措施。

清扫和器具整理：空舍或空栏后，及时清除舍内的垃圾，清洗墙面、顶棚、通风口、出入口、水管等处的尘埃及料槽内的残料，并整理各种器具。如果是疫病平息后，则要将清除的粪便和污染物进行深埋、焚烧或其他无害化处理。

羊舍、设备和用具的清洗：首先对空羊舍内的所有表面进行低压喷洒并确保其充分湿润，必要时进行多次的连续喷洒以增加浸泡强度。喷洒范围包括墙面、料槽、地面或床面、羊栏、通风口及各种用具等，尤其是料槽，有效浸泡时间不低于 30 分钟。其次使用冲洗机高压彻底冲洗墙面、料槽、地面或床面、饮水器、羊栏、通风口、各种用具及粪尿沟等，直至上述区域做到尽可能的干净清洁为止。最后使用冲洗机自上而下喷洒墙面、料槽、羊栏、饮水器、通风口、各种用具及床面或地面等。

羊舍、设备和用具的消毒：视消毒对象不同可选用消毒威、菌毒灭、速灭5号、烧碱、过氧乙酸等消毒剂。空羊舍消毒可以用1：2000的速灭5号或0.3%～0.5%的过氧乙酸进行喷洒消毒，每平方米用500毫升配好的消毒剂药液，间隔2天1次，共进行2次。喷洒时特别要注意那些容易残留污物的地方，如角落、裂隙、接缝和易渗透的表面，喷洒时先羊舍顶棚，沿墙壁到地面。

恢复羊舍内的布置：在空羊舍干燥期间对羊舍内的设备、用具等进行必要的检查和维修，重点是饲槽、供草架、饮水槽等，堵塞舍内鼠洞，做好羊舍内灭鼠除蝇，充分做好入羊前的准备工作。

山羊入舍前1天再次对空羊舍进行喷雾消毒。

**（二）带羊消毒方法**

消毒前，先做好清洁卫生，尽可能消除影响消毒效果的不利因素，如粪尿和生产垃圾等。

消毒间隔时间，根据羊场具体情况而定，平时预防为主5～7天消毒一次，发生疫病时每天消毒一次。

羊舍内带羊消毒常用0.1%过氧乙酸溶液、0.5%强力消毒灵溶液或0.015%百毒杀溶液喷雾消毒。药液用量以舍内地面面积为单位，一般控制在0.3～0.5升/平方米。消毒药液必须现用现配，混合均匀，避免边加水边消毒现象。

**（三）日常消毒管理方法**

在场区入口和生产区入口设置合理分布的紫外线灯，最好保持24小时不间断亮灯，紫外线灯管一般要每45天更换1次。

使用消毒脚盆的，药液深度至少超过脚踝部位，踏脚盆前应保持胶靴的清洁。

重点防疫期间，可适当增加带羊消毒时的消毒次数和药液用量。当羊群出现死亡率增高或存栏密度较大时，有必要适当提高带羊消毒时的药液用量和药液浓度。

对同一对象的消毒，应定期轮换使用不同性质的消毒药物，但不能同时混用不同性质的消毒药物。

当空舍内安装有独立的加药饮水系统时，必须对此系统进行清洁和消毒工作。

**(四) 其他注意事项**

1. 按照消毒药物使用说明书的规定配制消毒溶液,掌握准确的配比,不随意加大或降低药物浓度。

2. 不随意将两种不同类型的消毒剂混合使用或同时消毒同一物品。

3. 严格按消毒操作规程进行,确保消毒效果。

4. 定期更换消毒剂,不长时间使用同一种消毒剂消毒同一对象。

5. 现用现配,尽可能在规定的时间内用完。

6. 工作人员要注意做好自我防护,以免消毒药液刺激手、皮肤、黏膜和眼睛等。同时也要注意消毒药液对羊群的伤害及对金属等物品的腐蚀作用。

# 第二节　山羊免疫的标准化操作流程

**(一) 羊三联四防疫苗 (或羊五联苗)**

于每年 2 月下旬至 3 月上旬和每年 9 月下旬 (如厂家说明免疫期为 1 年此可略) 按使用说明书进行肌内注射,注射后 10～14 天产生免疫力,可预防羊快疫、羊肠毒血症、羊猝狙、羊黑疫、羔羊痢疾等疾病的发生。

**(二) 羊痘鸡胚化弱毒苗**

可于每年 2～3 月份不论大小羊一律皮内注射 0.5 毫升,免疫期为 1 年,注射后 6～10 天产生免疫力,可预防羊痘病的发生。

**(三) 山羊传染性胸膜肺炎氢氧化铝菌苗**

于每年 3～4 月份和每年 9 月份左右按说明书进行注射,免疫期 6 个月,可预防山羊传染性胸膜肺炎发生。

**(四) 口蹄疫灭活疫苗:肌内注射**

成年羊每只每次 2 毫升,羔羊每只每次 1 毫升。注射后 15 天产生免疫力,免疫期 4 个月。注射后出现不良反应的可用肾上腺素救治。

**(五) 山羊传染性脓疱 (口疮) 疫苗**

划线免疫:口腔内部嘴唇黏膜划线出血,在伤口处滴入 0.2 毫升;皮下注射:尾根或大腿内侧皮下注射 0.5 毫升;免疫期 6 个月,可预防山羊传染性脓疱 (口疮) 的发生。

**(六) 小反刍兽疫疫苗**

每两年注射一次,肌内注射,每千克体重 0.2 毫升剂量,注射后 7～

15天产生免疫力，可预防小反刍兽疫病。

**（七）布氏杆菌病疫苗**

选用羊型5号弱毒苗、猪型2号弱毒苗，口服或肌内注射，免疫期1～3年，潜伏期不注射。

羊场每年免疫接种的主要疫（菌）苗见表5-1。

表5-1　　　　　　　　　　羊场每年免疫接种的主要疫（菌）苗

| 免疫病种 | 疫苗名称 | 免疫方法 | 免疫剂量 | 免疫期 | 免疫次数 |
|---|---|---|---|---|---|
| 口蹄疫 | 口蹄疫灭活疫苗 | 肌内注射 | 按标示说明 | 6个月 | 每年2次 |
| 羊快疫、羊肠毒血症、羔羊痢疾 | 羊三联四防或四联五防苗 | 皮下或肌内注射 | 按标示说明 | 1年 | 每年1～2次 |
| 山羊传染性胸膜肺炎 | 传染性胸膜肺炎氢氧化铝菌苗 | 皮下或肌内注射 | 按标示说明 | 1年 | 每年1次 |
| 羊痘 | 羊痘灭活疫苗 | 皮内注射 | 按标示说明 | 1年 | 每年1次 |
| 山羊传染性脓疱（口疮） | 传染性脓疱疫苗 | 划线或皮下注射 | 按标示说明 | 6个月 | 每年1～2次 |
| 小反刍兽疫 | 小反刍兽疫疫苗 | 肌内注射 | 按标示说明 | 2年 | 每2年1次 |
| 布氏杆菌病 | 羊型5号弱毒苗、猪型2号弱毒苗 | 口服或肌内注射 | 按标示说明 | 1～3年 | 潜伏期不注射 |
| 体内寄生虫 | 伊维菌素、吡喹酮 | 肌内注射 | 按标示说明 | 4～6个月 | 每年至少2～3次 |
| 体表寄生虫 | 双甲脒、敌百虫 | 药浴或患处擦涂 | 按标示说明 | 4～6个月 | 每年至少2～3次 |

# 第三节　病羊的识别基本知识

病羊的临床检查方法包括群体检查和个体检查，基本诊断方法包括问、视、触、叩、听诊5种，是靠检查者的感觉器官进行检查的基本方法。

## 一、群体检查

主要从动态、静态、食态三方面进行观察。

1. 动态：主要在羊群运动时进行观察。病态羊常表现为离群掉队、步态踉跄、不愿行走、跛行或后躯僵硬等。

2. 静态：主要在羊群站立或卧下时进行观察。健康羊在饱饲后卧地休息时，反刍、嗳气正常。病态羊表现为精神萎靡，离群独卧，鼻镜干燥，不反刍，打颤，流出脓性鼻涕，喘气、呼吸困难；被毛粗糙，成块脱落，有的在墙角或木桩上擦痒，有的无毛部位出现痂皮、疹块等。

3. 食态：主要在羊群采食时进行观察。健康羊食欲旺盛，互相争食，吃饱后肷部鼓起，粪便呈小球状。病态羊表现为食欲不好，停食或少食，不饮水或少饮水，肷部凹下，拉稀粪，粪带恶臭时，呈深绿色或黑色，有的病羊出现臌气现象。

## 二、个体检查

通过群体检查，发现羊只有可疑情况时，应个别仔细检查以下内容：

1. 精神状态：主要通过观察其耳的活动、眼神及各种反应来判定。健康羊精神饱满，两眼有神，行动敏捷；病羊精神迟钝，喜躺卧、垂头、流泪、羞明。

2. 皮毛情况：健康羊的被毛光亮，皮肤有弹性；病羊的被毛粗乱，皮肤干燥，弹性消失。

3. 粪尿情况：健康羊的粪便呈椭圆形、较软，颜色黑亮；病羊的粪便干结无光泽，或者粪稀，常混有黏液、脓血、虫卵，发臭，粪便污染臀区和尾部等。

4. 可视黏膜：健康羊的黏膜为淡红色，鼻孔周围干净；病羊的黏膜潮红，或者苍白，或者发黄，或者发绀，鼻孔周围有鼻液，口鼻发臭，眼有眼屎。

5. 采食、反刍和嗳气：健康羊一般采食 30～60 分钟后，即出现反刍，24 小时内反刍 4～8 次，每小时嗳气 10～12 次，用手掌按压左侧肷部进行触诊，健康羊的瘤胃发软而有弹性；如采食、嗳气、反刍减少或停止都是病态的表现。

6. 体温：健康羊的体温为 38～40℃；可用体温计插入肛门进行测定。如果没有体温计，可用手触摸羊的耳朵、躯干或后肢的内侧，通过皮肤的温度来判定羊只是否发热。

7. 脉搏和心跳：健康羊的脉搏为每分钟 60～80 次，跳动均匀，心音清晰，听诊心音部位在胸侧壁（肘后方）前数第 3 至第 6 肋骨之间。

8. 呼吸情况：健康羊为胸腹式呼吸，每分钟呼吸 12～30 次；用耳朵贴在羊的胸部，可听到"呋呋"的正常呼吸声，如果肺部听到"呋噜呋噜"声或捻发音，则表明呼吸系统有病。

# 第四节　处理羊病的标准化操作流程

## 一、山羊保定

在给羊只体检、灌药时，需进行适当保定。保定的方法主要有站立保定和侧卧保定。

站立保定适用于临床检查、治疗和注射疫苗等。操作方法：两手握住羊的两耳或两角，骑跨羊身，以大腿内侧夹持羊两侧胸壁即可保定。

侧卧保定适用于治疗、简单手术和注射疫苗。操作方法：俯身从对侧一只手抓住两前肢系部或抓一前肢臂部，另一只手抓住腹肋部膝前皱襞处扳倒羊体；然后，改抓两后肢系部，前后一起按住。

## 二、山羊给药

在防治羊病的过程中，给药方法有多种，我们要根据羊的发病情况、药物性质、病羊大小和体质情况等选择恰当的给药方法。

### （一）口服法

口服法是将少量的药物，或将粉剂和粉碎的片剂、丸剂加适量水制成混悬液，装入橡皮瓶或长颈玻璃瓶中，抬高羊的嘴巴给羊灌服。给药者右手拿药瓶，左手用食指和中指从羊只右口角伸入口内，轻轻压迫羊的舌头，迫使羊将口张开。右手将药瓶口从左侧口角伸入羊口中，当瓶口到达病羊舌头中段时，立即抬高瓶底将药送入。对于容易打呛的药可以一口一口地灌服，待羊只咽下后再灌。如果羊只发生鸣叫或打呛时应暂停灌服，待羊只安静时再灌服。羔羊可以采用 10 毫升注射器（不要针头）吸入药物直接注入口咽部，使羊只吞咽内服。

### （二）注射法

注射法是给病羊用药最常用的方法，分皮下注射、肌内注射、皮内注射和静脉注射等。

1. 皮内注射。皮内注射多用于羊痘的预防接种，接种部位一般在尾内面或股内侧。如果采取尾内面注射法，部位选在尾下正中，用左手向上拉紧尾部，使注射部位皮肤绷紧，右手用注射器将针头刺入真皮内把药液注入，使注射部位局部形成豌豆大的水疱样隆起，然后拔出针头。

2. 皮下注射。选择皮肤疏松的部位，如颈部两侧和后肢股内侧，一只手提起注射部位的皮肤，另一只手持已吸好药液的注射器，以40°角刺入皮肤下方，回抽针芯不回血即可注入药物。如果药液较多可分点注射。通常皮下注射的多是易于溶解和刺激性小的药物。

3. 肌内注射。在羊的颈部上三分之一处（肩胛前缘部分）用碘酒局部消毒，左手拇指和食指呈"八"字形压住肌肉再推药液，注射完毕拔出针头，针孔用碘酒消毒。对于衰瘦羊应斜向刺入，以防伤到骨骼。

4. 静脉注射。如果药液量大，也可以使用静脉注射器，刺入方法同静脉注射。刺激性较大，如九一四、氯化钙等不适合皮下和肌内注射的药物多采用静脉注射。输液时速度不能过快，天冷药液温度低时应加温后进行。可根据注射用量选择50~100毫升的注射器。

（三）胃灌服法

适用于一些容易引起打呛的药物，如醋、中药冲剂等药物的灌服。方法是在胃管前端涂抹少量液体，胃管可从羊的鼻孔插入或外套15厘米长的钢管从口中插入，插时若羊反抗剧烈、咳嗽，应拔出重插。插入后用拇指和食指捏压气管后部，应能捏到胶管的存在，必要时可配合拉送胶管确定胶管是否已插入食管。在未确定胶管已经插入食管前不可灌入药液，否则容易导致异物性肺炎发生。此法也适用于羊瘤胃臌气时放气。

（四）灌肠注药法

灌肠注药法是向直肠内注入药液，该方法常在羊患直肠炎、大肠炎和便秘时使用。方法是让羊站立保定，在橡皮管前端涂抹凡士林或肥皂液插入直肠内。把橡皮管的盛药部分提高到超过羊的背部，使药液注入肠腔内。药液注完后拔出橡皮管，用手压住肛门，以防药液流出。注液量一般为100~200毫升。也可采用人工授精保定法注入药液，即由助手将羊头夹在两腿之间，捉住羊的两后肢，使其头部朝下，然后进行直肠注药。数分钟后再放下后肢，任其自由排出灌肠液体。

### （五）瘤胃穿刺注药法

瘤胃穿刺注入药液，常用于瘤胃臌气放气后，为了防止胃内容物继续发酵产气，可以注入止酵剂及治疗药液。有些药液（如四氯化碳、驱虫剂）的刺激性较强，经口入消化道反应强烈，可以采用瘤胃穿刺法。穿刺部位是在左胁窝中央臌气最高的部位。穿刺时先将周围的毛剪光，用碘酒涂抹消毒，将皮肤上移，然后将普通针头垂直或者朝右侧肘头方向刺入皮肤及瘤胃内，瞬间气体即可排出。如果胃部臌胀严重，应间断放气，气体放完后再注入相应的药物。如果为泡沫性气体，应先注入适量消沫剂才能放出气体。

### （六）腹腔穿刺注药法

腹腔的容积较大，很多药液可以通过腹膜的吸收作用达到治疗疾病的目的。该方法通常用于补充体液和营养物质，以及通过腹腔透析治疗某些内脏疾病。穿刺部位为左右肋部。方法是先剪毛、消毒，取长针头刺入腹腔，针头刺进后能左右活动，再接上带药的注射器或输液器，徐徐将药液注入即可。如果用大量液体进行透析治疗时，应待药物在腹腔内停留 30～60 分钟后，于腹下部脐前 5～10 厘米处，用长针头穿刺腹腔壁并进入腹腔，排出多余的积液。

## 三、驱虫

### （一）驱虫时间

养羊场每年春、秋两季至少应进行两次体内、体外寄生虫驱除。一般可安排在每年秋末进入舍饲后（12 月至翌年 1 月）和春季放牧前（3～4 月）各一次。但因地区不同，选择驱虫时间和次数可依具体情况而定。放牧地为湖洲、堤坝或低洼地带较多的草场，环境容易滋生寄生虫，因此宜在夏季 5～6 月增加一次驱虫。羊舍内外要经常打扫，并用漂白粉、百毒杀等定期消毒。同时由于成年羊是很多寄生虫的散播者，最好将成年羊与幼羊分群饲养管理。

### （二）体内寄生虫

常用驱虫药物可选用伊维菌素（按体重 0.2mg/千克剂量注射）、左旋咪唑等广谱驱虫药。在药物的选择与剂量的使用方面，应结合羊只表现症状与体重，根据药物说明或兽医要求严格执行，不能随意用药或增加剂量。由于部分寄生虫的幼虫不易杀灭干净，所以建议对于首次驱虫成功的羊只，按照相同剂量间隔 10 天左右再次进行驱虫，以便杀死前期未发育的幼虫。

### （三）体表寄生虫

驱除体表寄生虫的最佳方法是药浴。羊场应在圈舍附近建药浴池，药浴池为狭长的水池，深不小于 1 米，池底宽 30~60 厘米，上口宽 60~80 厘米；入口端呈斜坡状，便于羊只入池；出口端建有一定斜坡度的台阶，以便羊身上的药液流回池内。常用的药浴驱虫药物有 1％敌百虫和 0.5％双甲脒，药浴时应该保持药液的温度在 35~38℃，最低应该不低于 30℃。当同时药浴羊只过多时应适当添加驱虫药物以保持药浴液的药物浓度。对于顽固性体表寄生虫（如疥螨），可用刷子蘸取同浓度药液刷洗至皮屑脱落并深入感染组织，结痂后即可痊愈。

### 四、中毒

羊与其他动物一样，有时不能辨别有毒物质而误食，从而可引起中毒。采取预防中毒的措施有：不喂有毒植物；禁喂霉变饲料饲草；饲料饲草应晒干保存，贮存的地方应干燥、通风；喂前要仔细检查，如果发现霉变应废弃。防止水源性中毒：对喷洒过农药和施用过化肥的农田所排的水，不应当作羊的饮水。一旦发现羊中毒，首先要查明原因，及时进行救治。发生中毒时一般治疗原则如下：

1. 排出毒物。中毒的初期可用胃导管洗胃，用温水反复冲洗，以排除胃内容物。如果中毒发生的时间较长，应及时灌服泻剂。常用盐类泻剂，如硫酸钠（芒硝）或硫酸镁（泻盐），剂量一般为 50~100 克。大多数有毒物质常经肾脏排泄，所以利尿对排毒有一定效果，可使用强心剂、利尿剂，内服或静脉注射都可以。

2. 使用特效解毒药。确定有毒物质的性质，及时有针对性地使用特效解毒药，如酸类中毒可服用碳酸氢钠、石灰水等碱性药物；碱类中毒常内服食用醋；亚硝酸盐中毒可用 1％的亚甲蓝溶液按每千克体重 0.1 毫升静脉注射；氰化物中毒可用 1％的亚甲蓝溶液按每千克体重 1.0 毫升静脉注射；有机磷农药中毒时可用解磷定、氯磷定、双复磷解毒。

3. 对症治疗。为了增强肝、肾的解毒能力，可大量输液；心力衰竭时可用强心剂；呼吸困难时可使用舒张支气管、兴奋呼吸中枢的药物；病羊兴奋不安时，可使用镇静剂。

### 五、卫生防疫

达到一定规模化的羊场应建立一定的规章制度，包括卫生和防疫制度，以控制病原传播，防止常见传染病。

1. 卫生制度。在羊场及圈舍的入口处设有消毒石灰槽或消毒池，人、羊经过时须进行消毒，并且每周更换消毒药1～2次。羊圈地面应每天清扫1次，每月喷洒消毒1～2次。消毒前要清扫粪便等杂物。发现有可疑传染病的羊只，应及时隔离治疗，同时每天对羊体、羊圈和地面等彻底消毒1次。

2. 防疫制度。可根据当地传染病流行情况，有选择性地进行免疫。常见疫苗有：羊肠毒血症苗、羊快疫菌苗、羊猝狙菌苗、羊痘鸡胚化疫苗、魏氏梭菌苗等。免疫接种应按合理的免疫程序进行。各地区、各羊场可能流行的传染病不止一种，因此，羊场往往需用多种疫苗来预防，也需要根据各种疫苗的免疫特性合理地安排免疫接种的次数和时间。目前对于山羊还没有一个统一、固定的免疫程序，只能在实践中进行摸索，根据本地区、本羊场的具体情况，制定一个科学的、合理的免疫程序。

### 六、羊群发生传染病的措施

在发生炭疽、口蹄疫、羊痘等烈性传染病时，应立即采取一系列措施，就地扑灭，以免疫情扩大。

兽医人员要立即向有关部门报告疫情，及时划定疫区，采取严格措施进行隔离封锁；同时要立即将病羊和健康羊隔离，不让它们有任何接触，以防健康羊群受到传染。

对于发病前与病羊有过接触的羊，即使外表上看不出有病，也不能再同其他健康羊在一起饲养，必须单圈饲养，经过20天以上的观察不发病，才能与健康羊合群；有症状表现的羊，应按病羊处理。

对已经隔离的病羊，要及时进行药物治疗。隔离场所禁止人、畜出入和接触，工作人员出入应遵守消毒制度。隔离区内的用具、饲料、粪便等，未经彻底消毒，不得运出。

# 第五节　山羊常见传染病防治的标准化操作流程

## 一、口蹄疫

口蹄疫是由口蹄疫病毒引起的偶蹄兽的一种急性、热性、高度接触性传染病。以口鼻黏膜、蹄部和乳房等皮肤发生水疱和糜烂为特征。该病主要侵害偶蹄兽，通过消化道传播，也可接触传染，被国际兽医局列为 A 类家畜传染病。

### （一）流行特征

病原体为口蹄疫病毒，病畜是主要传染源，各种分泌物、排泄物都带毒。主要通过消化道、呼吸道传染及受损的结膜、黏膜和皮肤而传染，该病可通过直接接触和间接接触的方式而传播。带毒者移动和调运以及畜产品的调运是引起疫病发生的主要原因。各品种的山羊均有易感性。该病全年都可发病，但常常发生于秋、冬和春季。山羊口蹄疫有一定的周期性，每隔 1～2 年或 3～5 年流行一次。在我国主要以山羊 O 型口蹄疫为主。幼龄山羊尤其是初生幼羊最易感，山羊羔死亡率可高达 50％以上。当口蹄疫爆发正值产仔期间，将导致妊娠母山羊流产，新生山羊羔大批死亡。成年山羊多为良性，死亡率一般仅为 3％，严重流行可达 10％以上。

### （二）临床症状

山羊口蹄疫自然潜伏期 1～9 天，病程为 10～14 天，症状较牛轻，表现为产奶量下降、轻度跛行和食欲消失。剧烈流行时，有更为严重的症状，如体温升高，食欲降低或废绝，泌乳停止，唇、口角、舌、齿龈、颊内面、硬颚出现针头大或豌豆大的水疱，水疱经 1～2 天自行破裂，形成边缘呈锯齿状浅表的鲜红色烂斑，然后逐渐愈合，若护理不当，续发感染化脓菌，形成溃疡、坏死。乳房和乳头上可发生小水疱和上皮缺损，乳房或乳头肿胀，间或乳头呈出血性浸润，乳质发生变化，产量减少。有时母羊阴户和阴道也有小水疱，孕羊流产。若不发生其他并发症，一般预合后较好，死亡率较低。羔羊有时并发出血性胃肠炎和心肌炎，死亡率较高。

### （三）预防措施

每年 2～3 次免疫注射口蹄疫疫苗。注射后 14 天产生免疫力，免疫期

4～6 个月。发现疑似口蹄疫病例时，立即向当地畜牧兽医行政主管部门报告，并及时送检病料。疫区要立即封锁，隔离传染源，防止扩散，健康畜采取紧急预防接种，严禁贸易往来。所有可疑牲畜应作适宜的集中隔离，以便确诊后立即屠杀、深埋或焚烧。

**（四）防治指南**

该病发病速度快，传播范围广，人畜共患，不建议治疗。对于疫病突发羊群且无法迅速确诊的地区，可采用以下控制防治指南，以减缓该病扩散暴发。病山羊口腔黏膜病变用 1％高锰酸钾、食盐水、1％～4％醋酸冲洗，溃烂面涂以碘甘油、5％碘酒、2％龙胆紫、2％明矾，也可用冰硼散撒布。蹄部病变首先用肥皂水或 3％来苏儿冲洗干净，再涂上碘甘油、四环素软膏或 10％鱼石脂软膏。或让羊群走过含 10％福尔马林溶液的消毒池进行足部药浴。乳房治疗，用 2％～3％硼酸或肥皂水洗净，然后涂以四环素软膏。

**（五）紧急扑灭措施**

1. 迅速报告疫情。详细调查疫情，做到心中有数，将疫情封锁在最小范围，采取有效措施，尽快扑灭。

2. 立即封锁，防止扩散。本着"早、快、严、小"的原则，及时划分疫点、疫区和受威胁区。一般将发病畜群所在地及该畜群在发病前 14 天曾活动和污染范围均划为疫区，疫区外 5～10 千米划为受威胁区，疫区及受威胁区都是非安全区，应分别加以封锁，只当最后一头病畜死亡或痊愈后 20 天，经彻底消毒后才能解除封锁。解除封锁后，山羊及其他偶蹄家畜在 3 个月内仍不得出境。

3. 隔离传染源，做好疫区管理。病畜要进行严格隔离和精细的治疗护理。疫区和受威胁区的健康畜要采取紧急预防注射，实行交通检查，严禁贸易往来，凡出入疫区的车辆及人员要进行检查消毒，疫区的牲畜、畜产品和大量乳桶不得出疫区，外地健康易感畜也不得入内。

4. 疫源地处理。彻底清理和消毒被污染的地区、场所及物品工具。常用的化学消毒药见前述。粪便可结合积肥，进行堆积发酵处理。畜产品还可用焚烧、蒸、煮等办法消毒，皮毛可用环氧乙烷进行消毒，尸体要采取焚烧或深埋，尸肉可采取高温处理加以利用。

5. 注意个人防护，以防感染。

## 二、小反刍兽疫（羊瘟）

小反刍兽疫（又称羊瘟）是由小反刍兽疫病毒引起的高度接触性传染病，是我国一类动物疫病。潜伏期一般 4～6 天，一年四季均可发生，但多雨季节和干燥寒冷季节多发。主要表现为呼吸困难、腹泻、流产等症状。易感羊群发病率可达 100％，死亡率可达 50％以上。山羊、绵羊、野生小反刍兽易感，不感染人。

### （一）流行特征

山羊高度易感，发病率可高达 90％，病死率 50％～80％，病羊是该病的传染源。病毒存在于发热期的血液、淋巴结、眼结膜、鼻咽部、胃肠道黏膜、肺脏等组织中，随分泌物和排泄物排出。2～18 月龄的幼龄羊较成年羊易感，而哺乳期羔羊有较强的抵抗力。不同品种羊的易感性存在差异，以山羊中的小型品种尤为易感。主要发生在雨季和干冷季节，常以零星疫点的形式发生，该病以前主要流行于北非到中、东非洲国家，近年来，在我国周边国家和地区均呈地方性流行趋势。2013 年 12 月，疫情均由境外传入我国，在部分边境省份先后发生过小反刍兽疫疫情，且继续扩大蔓延。2014 年 1 月起，迅速向内地传播扩散，据农业部通报，至 4 月 11 日，全国有 20 多个省区确诊发生小反刍兽疫。

### （二）临床症状

小反刍兽疫的潜伏期为 4～6 天，最长 21 天。以发热、溃疡性和坏死性口炎、胃肠炎、肺炎为主要特征，有眼炎（甚至失明）和鼻腔排出大量浆液性、脓性鼻液等症状，病畜高热，精神沉郁，食欲减退，鼻镜干燥，有糜烂性胃炎、结膜炎、肠炎和肺炎。有的病畜体温高达 40～41℃，不死的可持续 14 天。有的持续高热 3～5 天后，齿龈充血，进一步发展为口腔黏膜弥漫性溃疡和大量流涎，严重腹泻，消瘦，呼吸困难和死亡。在疾病后期，常出现血样腹泻。肺炎、咳嗽、胸部啰音以及腹式呼吸也常发生。

该病特征性病变是口腔溃烂，初为白色点状的小坏死灶，病灶增多易形成底面红色的浅表糜烂面，在舌面、齿龈、上颚这些溃疡很快就覆盖一层黄白色伪膜。皱胃常出现有规则、有轮廓的糜烂，创面红色、出血，咽喉和食管常见有条状糜烂。胃肠可见糜烂或出血，皱胃和盲肠可见出血性肠炎。肺尖叶或心叶末端见有肺炎灶或支气管肺炎灶。

**（三）诊断**

该病病程急剧，山羊出现高热稽留，流鼻液和眼泪，口腔和舌部糜烂，急性发热、腹泻、口炎等症状即可作出初步诊断；羊群发病率、病死率较高，传播迅速，且出现肺尖肺炎病理变化，可判定为疑似小反刍兽疫病例，确诊需实验室诊断。在急性发病期且临床症状明显时采集病料。活体动物采集眼睑下结膜分泌物和鼻腔、颊部及直肠黏膜病料拭子。采集全血时加抗凝剂如肝素，尸体解剖（2～3 头动物）采集肠系膜和支气管淋巴结和脾、肠黏膜。

**（四）防范措施**

1. 守法饲养、生产和经营。

（1）饲养、生产、经营等场所必须符合国家规定的动物防疫条件，建立健全防疫制度，提高生物安全水平。疫情当前，要严格遵守国家限制活羊移动措施。

（2）在全国疫情得到控制，限制活羊移动措施解除后，要做到：运输羊及羊产品的车辆，在装载前和卸载后，必须对车辆进行彻底消毒。国内到非疫区跨省调运羊时，必须先到调入地动物卫生监督机构办理检疫审批手续，经调出地按规定检疫合格，方可调运。羊在离开饲养地之前，必须向当地动物卫生监督机构申报检疫。经检疫合格后，方可离开饲养地。进入屠宰场屠宰的羊，必须要有检疫证明，佩戴有牲畜耳标。

2. 严防病原传入。

（1）做好日常饲养管理和消毒，外来人员和车辆进场前应彻底消毒。

（2）不从疫区购进羊和草料，不从疫病流行情况不清的地区购进羊和草料。

（3）对外来羊，尤其是来源于活羊交易市场的羊，调入后必须隔离观察 30 天以上，经临床诊断和血清学检查确认健康无病，方可混群饲养。

3. 保护易感动物。

（1）加强饲养管理，提高易感动物的抗病能力。

（2）经农业部批准、允许免疫的地区，做好羊群高密度免疫（免疫保护期暂定 3 年），特别注意做好对新生羔羊和新进羊的及时补免工作。

4. 坚决消灭传染源。

（1）在饲养、运输、交易、屠宰等环节发现可疑病例，必须立即采取隔离、限制其移动，加强消毒等措施，不藏匿、转移和出售疑似患病动物。

（2）在采取隔离、限制动物移动等措施的同时，立即向当地兽医主管部门或动物疫病预防控制机构报告情况。

（3）疫情确诊后，积极配合政府采取措施，迅速扑灭疫情，消灭传染源。

### 三、羊传染性脓疮（羊口疮）

羊传染性脓疮又称羊口疮，是绵羊、山羊的一种由口疮病毒所致的急性接触性人兽共患传染病。其特征为口唇等处皮肤和黏膜形成丘疹、水疱、脓疱、溃疡和疣状厚痂。主要侵害 3～6 月龄的幼龄山羊，成群发病，死亡率虽较低，但由于病羔吮乳困难，采食受阻，严重影响生长发育，或因衰竭或继发肺炎等疾病而造成死亡。

#### （一）流行特征

初发该病的羊群无论幼龄山羊或成年山羊都可感染发病，而常发地区的山羊群中，以 3～6 月龄的幼山羊多发，成年羊仅为散发，该病一年四季均可发病，但以春夏发病最多，呈地方流行性。羊只引种长途运输途中环境封闭、羊舍污秽、阴暗、潮湿、拥挤易致该病发生和流行。饲草过粗、带刺，饲料中缺乏矿物质，羔羊啃食墙角泥土，导致口腔黏膜受损，均利于该病的发生。自然病愈羊至少有 2 年的免疫力，很少再发，即使发病也较轻微。疫区成年羊多为乳房及唇部轻微病变。感染后一般于 7～12 天产生免疫力。

#### （二）临床症状

该病在临床上可分为唇型、蹄型和外阴型，但以唇型感染为主要症状。潜伏期 3～7 天。病羊表现为流涎、精神萎靡、被毛粗乱、日见消瘦。病变主要见于口角、上唇、齿龈、鼻镜和鼻孔的皮肤和黏膜上。先出现散在的小红斑，很快形成小结节（丘疹），继而发展成水疱和脓疱。脓疱破裂后，形成黄色或棕色的疣状痂皮，常经 10～14 天脱落而痊愈，无残留疤痕。严重病例，病变部可相互融合，波及整个口唇周围、颜面、眼睑、颊部、舌、软腭和耳郭等部，形成大面积痂垢。痂垢不断增厚，整个嘴唇肿大、外翻，呈桑葚状隆起，严重影响采食。多数呈良性经过，病程 2～3 周，少数严重病例可因继发坏死杆菌病或肺炎而死，山羊羔死亡率可高达 20%。病羔吃乳时，还可把病毒扩散到母山羊的乳头、乳房以及外阴部及邻近皮肤上，发生丘疹、水疱、脓疱、烂斑和痂块，有的还引起乳房炎。

### （三）预防措施

可采用疫苗预防，未发疫地区，羊口疮弱毒细胞冻干苗，每头 0.2 毫升，口唇黏膜注射。发病地区，紧急接种，仅限内侧划痕，也可采用把患羊口唇部痂皮取下，剪碎，研制成粉末状，然后用 5％甘油灭菌生理盐水稀释成 1％浓度，涂于内侧，皮肤划痕或刺种于耳，主要是保护羊只皮肤、黏膜勿受损伤，做好环境的消毒工作。长途引种运输途中与圈舍日常管理，应注意避免长时间封闭、潮湿、过度拥挤，加强通风、消毒处理；发病时要注意做好羊舍、饲养用具、病羊体表和蹄部的消毒。

### （四）治疗

可采用综合防治措施治疗，首先对感染病羊隔离饲养，圈舍进行彻底消毒。给予病羊柔软的饲料、饲草，如麸皮粉、青草、软干草，给予清洁饮水。剥离痂垢一定要剥净，然后用淡盐水或 0.1％高锰酸钾水溶液清洗疮面，再用 2％龙胆紫（紫药水）或碘甘油涂擦疮面，间隔 3～5 天重复使用 1 次。同时，肌内注射青霉素、链霉素，每天 2 次，连用 3 天治疗效果更佳。对于不能吮乳的病羔，应加强护理，进行人工哺乳（可先将母羊乳挤入干净的杯内，再用消毒过的兽用注射器去针头，吸乳滴入病羔嘴内）。

## 四、山羊痘

山羊痘是由山羊痘病毒引起的一种急性、热性、接触性传染病，以无毛或少毛的皮肤和黏膜上生痘疹为特征，初期为痘疹，后变成水疱、脓痂，最后干结成痂脱落而痊愈。多发生于春、秋两季。

### （一）流行特征

传染源主要是病羊和病愈带毒的山羊。该病可通过接触传播，经飞沫、尘埃传播，经呼吸道、消化道或受损伤的皮肤、黏膜传播，也可由羊虱等体外寄生虫传播发病。山羊痘仅感染同群的山羊，自然病愈山羊可获得免疫力，幼畜可从母体获得短期的母源抗体。该病以春、秋两季多发，以幼龄山羊的易感性最高。该病潜伏期 4～20 天，病期全过程为 3～4 周，多数可痊愈。

### （二）临床症状

病羊开始表现为鼻孔闭塞、呼吸促迫，有的山羊流浆液或黏液性鼻涕，眼睑肿胀、结膜充血、有浆液性分泌物，体温升高到 41～42℃，

40～42℃稽留热，1～2天后开始发痘，痘疹大多发生在皮肤无毛或少毛部位，皮肤和黏膜最初出现圆形红色斑疹（红斑期），继而发生大小不等的结节（丘疹期），丘疹迅速发展，形成水疱（水疱期），内含清亮浆液，有些水疱中央凹陷，称为痘脐；继而体温下降，水疱液逐渐混浊而成脓疱（脓疱期），脓疱内容物逐渐干涸，形成褐色痂皮（结痂期）。痂皮脱落后，遗留放射状疤痕而痊愈。病程3～4周。该病的经过一般良好，死亡率仅5%～10%，但有些山羊痘并发呼吸道、消化道疾病和关节炎，严重时可引起脓毒败血症，病死率可达20%～50%。

### （三）预防措施

山羊痘多是通过购入受感染山羊传入羊群的，应严禁从疫区购买种羊，必须从外地引进时，应先做好疫情调查，引入后经过检疫和消毒，隔离饲养观察2个月，确认无病后，进行体表消毒方能混群。在常发地区对山羊群皮下接种山羊痘弱毒疫苗0.5～1.0毫升，免疫期效达1年。一旦发生山羊痘，应立即封锁疫点，隔离病羊，分群饲养，当最后一只山羊痊愈后，即全部痂皮脱落为止，经羊体体表及环境的全面消毒，观察2个月未发现病山羊，方可解除封锁。病死山羊尸体应深埋或焚烧，圈舍及用具可用1%甲醛、3%石碳酸、漂白粉等消毒。同时在防治过程中要注意人的防护。人感染山羊痘后，腹部、背部、手臂和腿部皮肤有严重的小水疱出现，10～15天后方可痊愈。平时注意环境卫生，加强饲养管理。

### （四）防治指南

目前对山羊痘尚无特效药。每年定期预防接种氢氧化铝羊痘疫苗，皮下注射，成年羊5毫升，羔羊3毫升，免疫期5个月。对发病山羊，在严密隔离的条件下，采取以防止继发感染为中心的防治。对病羊皮肤病变部位，用0.1%高锰酸钾溶液洗净后，涂上碘甘油，为防继发感染，可肌内注射青霉素240万单位和链霉素200万单位，每天2次，羔羊酌减。病愈后的羊具有终生免疫力。也可以对症治疗：10%氯化钠液40～60毫升或碳酸氢钠液250毫升，静脉滴注。局部用1%高锰酸钾液洗涤患部，再涂擦碘甘油。支持疗法：10%葡萄糖液500毫升、5%葡萄糖酸钙40毫升、青霉素380万单位、链霉素2克，一次性静脉滴注。

## 五、山羊传染性胸膜肺炎

山羊传染性胸膜肺炎，又称"烂肺病"，是由丝状支原体感染引起的一种山羊特有的接触性传染病，其主要特征为高热、咳嗽、呼吸困难、胸膜发生浆液性和纤维素性炎症、流铁锈色鼻液、按压胸部表现敏感和疼痛、肺切面出现特有大理石样病变，胸膜变厚而粗糙，与肋膜、心包膜发生粘连。发病后死亡率较高，发病率可达 87%，死亡率达 34.5%。新暴发的地区，几乎都是由于引进或迁入病羊或带菌羊而引起的。

**（一）流行特征**

该病的病原体为山羊丝状支原体，是一种胸膜肺炎微生物，呈革兰阴性。该病原体接触传染性很强，呼吸道的飞沫传染是该病主要的传播方式。通常奶山羊的潜伏期和病程较一般山羊短促。孕羊发病后的病死率较一般山羊高。3 岁以下的羊最易感。冬春缺草、羊群瘦弱时发病率和病死率较高，发病后传播迅速，20 天可波及全群。冬季流行期平均 15 天，夏季可维持 2 个月以上。寒冷潮湿、阴雨连绵、羊群密集、拥挤等都可成为该病的诱因。

**（二）临床症状**

病羊高热，发病初期体温升高至 $41 \sim 42°C$，呈现稽留热或间歇热，病羊精神萎靡，食欲减退，离群呆立，被毛粗乱，但饮欲随病程的发展而增强，呼吸困难，有时呻吟、气喘、湿咳，以初期流浆液性鼻涕，1 周后变为脓性，铁锈色，出现浆液性和纤维素性蛋白渗出性肺炎和胸膜炎为特征，按压羊只胸壁表现敏感疼痛，听诊肺脏有啰音。病羊一般有三种类型：最急性型、急性型、慢性型。

**（三）预防措施**

1. 严禁从疫区购买山羊。新引进的山羊，应隔离观察 1 个月，确认无病时方可合群。

2. 在常发地区，免疫接种是预防该病的有效措施，每年 5 月应对山羊进行山羊传染性胸膜肺炎预防接种，6 月龄以下的山羊皮下或肌注 3 毫升，6 月龄以上的山羊注射 5 毫升。注射后经 14 天即可产生免疫力。

**（四）防治指南**

发生该病应立即封锁羊群，及时对全群进行逐头检疫，病羊、可疑羊和假定健康羊分群隔离治疗，羊舍、食槽及周围环境用 1%～2% 烧碱严格消毒。假定健康羊群应进行紧急预防免疫。每头病羊用新胂凡纳明（914）静脉注射或磺胺嘧啶皮下注射，或病初使用足够剂量的土霉素有治疗效果。用新胂凡纳明（914）、氯霉素、四环素、红霉素、泰乐霉素治疗该病证明有效，可达到临床治愈，但有些仍可带菌。因此对临床治愈的病羊和可疑羊原则上应肥育屠宰，不要再和无病羊群混合饲养，以防疫病传播。病羊污染过的圈舍、用具，可用3％来苏儿或2％氢氧化纳溶液或20％热草木灰水消毒。

### 六、山羊传染性眼结膜炎

传染性眼结膜炎又称红眼病、流行性眼炎，是由多种病原菌引起的一种山羊常见的高度接触性传染病。其特征为羞明流泪，结膜和角膜炎，角膜混浊和溃疡。该病不致死，但由于局部刺激和视觉扰乱，妨碍行走和采食，致山羊体重减轻，产奶量降低，生长发育减缓等，直接或间接地影响山羊的生产性能。

#### （一）流行特征

病羊和带菌羊是该病的主要传染源。病原常存在于患羊的结膜囊、鼻泪管和鼻分泌物中，随眼分泌物排出。病愈后，该病原仍长期存在于眼分泌物中，一般通过头部互相摩擦、打喷嚏、咳嗽而传染。蝇类可成为该病的传播媒介。幼龄、青年山羊发病率最高，该病一年四季都可发生，以5～10月发病最多。一旦发病，传播迅速，1周之内可波及全群，奶山羊的发病率可达40％～100％。多呈地方流行性或流行性。强烈日光（紫外线）照射、刮风、外伤、尘土、羊舍狭小、空气污浊、氨浓度过高等有利于该病的发生和传播。

#### （二）临床症状

潜伏期一般为2～7天。患羊全身症状不明显，多数无体温反应，少数于疾病严重期，体温可达40℃。病初呈结膜炎症状，畏光、流泪、眼睑半闭。眼内角流出浆性或黏性分泌物，不久变成脓性。结膜和眼睑红肿，其后发生角膜炎和角膜溃疡。随病的发展，结膜上的血管伸向角膜，在角膜边缘形成红色充血带。由于炎症的蔓延，可继发虹膜炎。角膜在病初一般变化不大，经1～4天后角膜混浊，起初半透明、浅灰色，以后混浊度逐渐增加，呈云翳状。严重者角膜增厚，并发生溃疡，形成角膜瘢痕。有时发生眼前房积脓或膜破裂，晶状体可能脱落，造成永久性失明。多数患病山羊为一侧眼患病，后为双眼感染。病程一般为20天左右，短者7天，长者40天。多数能痊愈，少数病羊因角膜翳、角膜穿孔而失明，最终被淘汰。

#### （三）预防措施

1. 隔离病羊，单独圈养。加强护理，避免与健康羊接触。健康羊要远离发病羊群放牧，杜绝病羊与健羊接触，减少扩散传染。

2. 不引进病羊和带菌山羊，严格杜绝传染源的传入。

3. 注意环境卫生。在夏、秋季要注意灭蝇，避免强日光照射和灰尘的刺激，将患羊安置在暗和无风的地方，防止眼外伤等，可降低发病率。

4. 用1.5%硝酸银溶液在结膜内滴5～6滴，有一定的预防作用。

**（四）防治指南**

1. 先用2%～4%硼酸水冲洗，拭干后涂溴乙菲啶，或螺旋霉素、土霉素、四环素、红霉素等其他广谱抗生素眼膏，每天2次，1周后可以痊愈。

2. 可用0.5～1.0克红霉素，先以5～10毫升注射水溶解后，再加入5%葡萄糖液30～60毫升，颈静脉注射，每天1次，连用3天。

3. 角膜穿孔可吹敷甘汞粉，或滴入红药水。

4. 角膜混浊或角膜翳时，可涂1%～2%黄降汞软膏。每天2次，或用三砂粉（硼砂、朱砂、硒砂各等份研细末）吹入眼内，每天2～3次。

5. 对严重血管翳和炎症的患眼用皮质类固醇注入结膜下，或采病羊全血10毫升，立即注入眼睑皮下均有疗效。

## 七、羊大肠杆菌病

羊大肠杆菌病是由产毒素大肠埃希菌引起的以败血症或剧烈腹泻为特征的羔羊及幼龄羊的急性传染病，潜伏期1～2天，多发生于数天至6周龄的羔羊，呈地方性流行，也有散发的。气候不良、营养不足、场地潮湿污秽等，易造成本病发生。主要在冬春舍饲期间发生，经消化道而感染。

**（一）临床症状**

分为败血型和下痢型（也称肠型）两型。败血型多发于2～6周龄的羔羊。病羊体温41～42℃，精神沉郁，迅速虚脱，有轻微的腹泻或不腹泻，有的有神经症状，运步失调，磨牙，视力障碍，有的出现关节炎；多于病后4～12小时死亡。胸、腹腔和心包大量积液，内有纤维素；关节肿大，内含混浊液体或脓性絮片；脑膜充血，有很多小出血点。下痢型多发于2～8日龄的新生羔羊。病初体温略高，出现腹泻后体温下降，粪便呈半液体状，带气泡，有时混有血液，羔羊表现腹痛，虚弱，严重脱水，不能起立；如不及时治疗，可于24～36小时内死亡。

## （二）防治措施

大肠杆菌对土霉素、磺胺类和呋喃类药物都敏感，但必须配合护理和其他对症疗法。土霉素按每天每千克体重 20～50 毫克，分 2～3 次口服；或按每天每千克体重 10～20 毫克，分 2 次肌内注射。呋喃唑酮，按每天每千克体重 5～10 毫克，分 2～3 次内服，新生羔羊再加胃蛋白酶 0.2～0.3 克；对心脏衰弱的，皮下注射 25％安钠咖 0.5～1 毫升；对脱水严重的，静脉注射 5％葡萄糖盐水 20～100 毫升；对于有兴奋症状的病羔，用水合氯醛 0.1～0.2 克加水灌服。

母羊要加强饲养管理，做好母羊的抓膘、保膘工作，确保新产羔羊健壮、抗病力强。同时应注意羊的保暖。对病羔要立即隔离，及早治疗。对污染的环境、用具要用 3％～5％来苏儿液消毒。

## 八、山羊布鲁菌病

山羊布鲁菌病是由布鲁菌引起的人畜共患传染病。在家畜中，牛、羊、猪最常发生，且可由牛、羊、猪传染给人和其他家畜。其特征是生殖器官和胎膜发炎，引起流产、不育和各种组织的局部病灶。该病广泛分布于世界各地，我国目前在人、畜间仍然发生，给畜牧业和人类的健康带来严重危害，是目前国家重点防控的人畜共患病。山羊布鲁菌病是由马耳他布鲁菌引起的一种山羊慢性传染病。其特征是侵害生殖系统，使怀孕母羊流产，公羊发生睾丸炎。

布鲁菌属有 6 个种，习惯上称马耳他布鲁菌为羊布鲁菌。

### （一）流行特征

该病的传染源是病羊及带菌羊。最危险的是受感染的妊娠母羊，它们在流产或分娩时将大量布鲁菌随着胎儿、羊水和胎衣排出。流产后的阴道分泌物以及乳汁中都含有布鲁菌。公羊的睾丸炎精囊中也有布鲁菌，消化道是主要传播途径，交媾、配种、皮肤损伤都可感染。吸血昆虫可以传播该病。母羊较公羊易感性高，性成熟后对该病极为易感。羊群一旦感染此病，首先表现为孕羊流产，开始仅为少数，以后逐渐增多，严重时可达半数以上，多数病羊流产 1 次。

### （二）临床症状

母羊主要的症状是流产。流产前，食欲减退，口渴，委顿，阴道流出黄色黏液等。流产发生在妊娠后第 3 或第 4 个月。其他症状有乳房炎、支气管炎、关节炎及滑液囊炎而引起跛行。公羊睾丸炎、乳山羊的乳房炎常较早出现，乳汁有结块，乳量可能减少，乳腺组织有结节性变硬。胎衣部分或全部呈黄色胶样浸润，其中有部分覆有纤维蛋白和脓液，胎衣增厚，并有出血点。

### （三）诊断

根据流行病学资料，流产、胎儿胎衣的病理损害，胎衣滞留以及不育等都有助于布鲁菌病的诊断，但确诊只有通过实验诊断才能得出结果。布鲁菌病实验诊断，除流产材料的细菌学检查外，虎红平板凝集试验更简便易行。山羊群体检疫用变态反应方法比较合适，少量的羊只常用凝集试验与补体结合试验。

### （四）预防措施

在未感染羊群中，最好的办法是自繁自养，必须引进种羊时，要严格执行检疫。即将羊群隔离饲养 2 个月，同时进行检疫，全群两次检疫阴性者，才可与原羊群接触。该病无治疗价值。发现呈阳性和可疑反应的羊均应及时淘汰，对污染的用具和场所进行彻底消毒；流产胎儿、胎衣、羊水和产道分泌物应深埋。患布鲁菌病的羊皮、羊毛均应严格消毒。

## 九、羊梭菌性疾病

羊梭菌性疾病主要有以下几种（表 5 - 2）：

表 5 - 2　　　　　　　　　　　羊梭菌性疾病的主要种类

| 名称 | 病原 | 特征 |
|---|---|---|
| 羊快疫 | 由革兰阳性的厌气腐败梭菌引起 | 发病突然,病程极短,其特征为真胃呈出血性、炎性损害 |
| 羊肠毒血症（软肾病、类快疫） | 由魏氏梭菌产生毒素引起 | 以发病急,死亡快,死后肾脏多见软化为特征 |
| 羊猝狙 | 由 C 型产气荚膜杆菌引起 | 发病快,精神沉郁,食欲废绝,腹泻,肌肉痉挛,倒地,四肢痉挛,角弓反张,体温不高,以急性死亡为特征,伴有腹膜炎和溃疡性肠炎。 |

### （一）流行特点

该病绵羊多发，发病山羊大多营养在中等以上，年龄 6～18 月龄，一般经消化道感染，多发于秋、冬、初春气候骤变，阴雨连绵的季节。

## （二）病理变化

病羊呈现真胃出血性炎症，在胃底部及幽门附近，有大小不一的出血斑块，表面坏死；胸腔、腹腔、心脏大量积液；黏膜下组织常水肿；心内外膜有点状出血；肠道、肺的浆膜下可见出血；胆囊肿胀，死羊若未及时剖检则出现迅速腐败。

## （三）防治措施

1. 加强日常饲养管理。

2. 每年高发期注射"羊快疫、猝狙、肠毒血症"三联菌苗。

3. 发病时采用对症疗法用强心剂、抗生素等药物，青霉素 80 万～160 万单位，1～2 次/日。磺胺甲噁唑，5～6 克/次，连用 3～4 次。10% 安钠咖加 5% 葡萄糖 1000 毫升静脉注射。

4. 该病发生时，转移牧地可收到减少或停止发病的效果。

5. 10% 石灰乳 50～100 毫升口服，连用 1～2 次。

# 第六节　山羊常见寄生虫病防治的标准化操作流程

## 一、寄生虫病综合防治

山羊寄生虫病造成的危害性是很大的。只是羊对疾病的抵抗力较强，在患寄生虫病的过程中大多呈现慢性疾患过程，不像传染病那样一下子发生大量死亡，所以很容易被忽视。实际上它是常发的流行性地方病，对人畜的危害都比较大，羊患了寄生虫病，往往发育不良，养不肥，皮毛枯燥，并因瘦弱而抵抗力下降，容易并发其他疾病造成死亡，给养羊业造成重大经济损失。

对羊寄生虫病的防治，必须在正确诊断的基础上开展群防群治，坚持"预防为主，防重于治"的方针，把治疗和预防紧密地结合起来，采取综合性的防治措施，才能收到较好的效果。制定综合防治措施，应着眼于控制和消灭传染来源、切断传播途径和保护易感动物三个基本环节，力争做到消灭病原体、排除感染机会和增强羊只机体的抵抗力。其中以利用一切手段消灭各个发育阶段的寄生虫（虫卵、幼虫或成虫）更为重要。

## （一）做好山羊寄生虫病流行病学调查

寄生虫病的发生、发展都具有一定的流行规律，了解本地区寄生虫的地理分布情况和生活史，对寄生虫的流行病学进行研究，是祛除山羊寄生虫病的基础工作和依据。有目的地对疑似患寄生虫的瘦羊进行解剖，查明本地和引进羊只体内外寄生虫种类，为防治工作提供指导和用药依据。

**（二）定期对羊只进行驱虫**

寄生虫病和传染病一样，治疗时花费较大，且有些寄生虫病治愈很不容易，甚至缺乏有效的治疗方法。所以，要减少羊寄生虫病造成的损失，关键是根据本地区寄生虫病的流行规律，制定合理的驱虫程序，加大对寄生虫病预防的投入，在寄生虫发病季节到来之前，合理使用药物，对羊只进行驱虫预防，以防止发病。定期驱虫应把握的时机和方法：一是羊体内寄生虫预防驱虫，坚持每年春季3～4月和初冬10～11月两次全群集中驱虫，保证羊只的增膘复壮和安全越冬。此外，在水草丰茂前的6～7月加强用药一次，保证有效地控制寄生虫对羊只的危害。二是羊体外寄生虫预防驱虫，羊体外寄生虫主要防治疥螨、痒螨、蚤、蜱等对羊只健康的危害。健康羊只可在每年3～4月和10～11月进行两次药浴；对个别严重患病羊只，用高于全群药浴浓度的药液及时处理，使其不至于传染全群。三是对转群前、分娩前后、配种前和断奶时的羊只进行预防驱虫。配种前驱虫，有利于母羊怀胎和防止寄生虫引起流产；分娩前驱虫，注意用药剂量准确，一般按常用量的2/3给药，产前15～20天、产后21～28天各驱虫一次；断奶时驱虫一般在断奶前后20天各驱虫一次；种公畜在4月、6月、8月、10月各驱虫一次即可。

**（三）注意饮水卫生**

寄生虫的感染常常源于受污染的水源，有些中间宿主还生存于水中，因此，不卫生的饮水往往是寄生虫病和感染来源。作为羊的饮水，最好是自来水和井水，其次是流动的河水。注意不要使用不流动的池、塘、坑、沼泽地、稻田、小溪和水渠等处的水源作为羊的饮水。

**（四）做好粪便的无害化处理**

患寄生虫病羊只的粪便中常常有很多寄生虫卵、幼虫和卵囊等，如果处理不好，就会污染草料、饮水，使寄生虫病扩大传播。因此，要对羊的粪便，尤其是患寄生虫病的羊只和羊群投驱虫药后7天内所排粪便进行收集，运送到指定的地点进行堆积发酵，利用粪便发酵产生的生物热，杀死寄生虫的虫卵、幼虫和虫囊。具体方法是：把粪便堆成堆，外用10厘米泥土糊好，再用塑料膜封死，发酵一个月后方可开封使用。

### （五）加强对羊群的饲养和管理

第一，要保证羊只日粮的足量供给和营养成分的全价，充分发挥机体防御抗病能力，保障机体有高度稳定的抵抗力。第二，加强管理，保管好饲料，防止被污染；不要到低洼潮湿和有钉螺的地方放牧或饮水，也不要到这些地方刈割青草喂羊。第三，羊舍应保持干燥、阳光充足、通风良好；羊只的饲养密度要合理，防止过于拥挤；羊舍和运动场应勤打扫、勤换垫料，垃圾和粪便进行发酵处理。

## 二、绦虫病

最常见的为莫尼茨绦虫，虫长1～5米，很像煮熟的宽面条；虫体由许多节片连成，呈米黄色，主要寄生在山羊小肠内，待节片成熟后，随粪便排出。节片中含有大量虫卵，虫卵被地螨吞食后，就在地螨体内发育成囊尾蚴。山羊吃草把地螨吞入后，就会发病。

### （一）临床症状

感染绦虫病的山羊很快消瘦，羊毛粗乱无光，食欲减退而饮水增多，出现拉稀、贫血和水肿，有时出现神经错乱。

### （二）预防措施

首先应查明当地可能滋生地螨的场所，据调查在未开垦的荒草地上，地螨的密度最大，生活力强，生存时间长，带虫率也高，而每年耕种的土地则显著减少，甚至绝迹。因此，为预防该病，一方面避免在地螨滋生地放牧或在雨后的清晨和傍晚放牧，同时结合种植高质量牧草，更新牧地，便可预防该病的发生。

### （三）防治指南

硫酸铜溶液（1%）1～6月龄羔羊为15～45毫升，7月龄至成年羊为45～100毫升。硫双二氯酚每千克体重0.075～0.1克，一次口服。丙硫咪唑每千克体重10～20毫克，一次口服。吡喹酮每千克体重10～15毫克，疗效较好。

## 三、山羊消化道线虫病

山羊消化道线虫病是寄生于山羊消化道内的各种线虫引起的疾病。由于虫体的前端刺入胃肠黏膜，造成损伤，引起不同程度的发炎和出血，除上述机械性刺激外，虫体可以分泌一种特殊的毒素，防止血液凝固，致使血液由黏膜损伤处大量流失，造成患羊消瘦、贫血、胃肠炎、下痢、水肿等，严重感染可引起死亡。有的虫体毒素还可干扰羊体消化液的分泌、胃肠的蠕动和体内碳水化合物的代谢，使胃肠功能发生紊乱，妨碍食物的消化和吸收，病羊呈现营养不良等一系列症状。山羊消化道线虫种类很多，它们具有各自引起疾病的能力和不同的临床症状，常呈混合感染，其中以捻转血矛线虫最甚，是每年春夏季节引起羊只大批死亡的重要原因之一，给养羊业造成严重的经济损失。

**（一）临床症状**

主要表现为消化紊乱，胃肠发炎，腹泻，消瘦，贫血，可视黏膜苍白，严重病例下颌水肿，幼畜发育受阻。少数病例体温升高，呼吸脉搏加快，心音减弱，最后因急度衰竭而死亡。

**（二）诊断**

虫卵检查除毛首线虫、细颈线虫、仰口线虫、古柏线虫等有特征可以区别外，其他各种不易辨认，主要根据该病的流行情况，病羊的症状，死羊或病羊的剖检结果作综合判断。粪便虫卵计数法可了解该病的感染强度，作为防治的依据，可进行粪便培养，检查第三期幼虫。

**（三）预防措施**

定期驱虫，一般可安排在每年秋末进入舍饲后（12月至翌年1月）和春季放牧前（3～4月）各一次。粪便要经过堆积发酵处理；羊群应饮用自来水、井水或干净的流水；尽量避免在潮湿低洼地带放牧，禁放食露水草，有条件的地方应实施轮牧。

**（四）防治指南**

1. 左旋咪唑：每千克体重5～10毫克，溶水灌服，也可配成5％的溶液皮下或肌内注射。

2. 噻苯唑：每千克体重5～10毫克，可配成20％悬浮液灌服，或瘤胃注射。

3. 甲噻嘧啶：每千克体重10毫克，口服或拌饲喂服。

4. 甲苯咪唑：每千克体重10～15毫克，灌服或混饲给予。

5. 丙硫咪唑：每千克体重5～10毫克，口服。

6. 伊维菌素：每千克体重0.1毫克，口服；每千克体重0.1～0.2毫克，皮下注射，效果极好。

7. 丙硫苯咪唑：每千克体重5～20毫克，一次内服。

8. 阿维菌素：每千克体重0.2毫克，一次皮下注射或内服。

9. 精制敌百虫：每千克体重50～70毫克，加水一次内服。

## 四、肺丝虫病

羊肺丝虫病是由丝状肺虫寄生于支气管内引起，成虫产卵于支气管或气管内，卵在肺内发育成含有幼虫的卵，在咳嗽时随着痰液到达口腔，然后再咽入消化道，一小部分虫卵可直接咳出体外发育为幼虫，在消化道内一部分含幼虫的卵可发育为幼虫，随粪便排到体外。幼虫在适宜的环境中发育为侵袭性幼虫。侵袭性幼虫爬上青草或进入水中，当羊吃了这种草或饮入这种水后，即受到感染。进入羊消化道的幼虫脱出囊鞘，钻到肠淋巴管，经肠系膜淋巴结进入血液，最后进入支气管内发育为成虫。再重复其生活史，扩大传染。感染该病一般体温不高，病程较长，听诊肺部有湿啰音，与感冒、支气管炎区别，炎症一般仅在大支气管，化验室粪便镜检可见到活动的幼虫。

### （一）临床症状

病羊主要表现为支气管肺炎症状。病初干咳，以后逐渐变为湿咳，在运动后和夜间休息时咳嗽更为明显。在羊圈附近可以听到患羊呼吸困难，呼吸如拉风箱。鼻流黏性鼻液，听诊肺部有湿性啰音，常并发肺炎。体温一般正常，严重时可上升到 40℃ 以上，患病久的羊，表现为食欲减少，身体瘦弱，被毛干燥而粗乱。喜卧地上，不愿行走。随着病势的发展，逐渐发生腹泻及贫血，眼睑、下颌、胸下和四肢出现水肿，最后由于严重消瘦而死亡。当虫体与黏液缠绕成团而堵塞喉头时，亦可因窒息而死亡。

### （二）病理变化

尸体消瘦及贫血，主要病变在肺脏。肺的边缘有肉样硬度的小结节，颜色发白，突出于肺的表面。肺的底部有透明的大斑块，形状不整齐，周围充血。支气管和气管内有黄白色或红色黏液，其中含有很多伸直或成团的虫体。支气管和气管的黏膜肿胀而充血，并有小点状出血。

### （三）防治方法

放牧是引起该病的主要原因，舍饲后该病发生率将明显降低；青草要先晾晒后再饲喂，不饮污水；对粪便进行发酵处理，以杀死幼虫；每月驱虫，阿维菌素皮下注射每千克体重 0.2 毫克或每千克体重 0.6 毫克混饲。

## 五、羊疥癣

羊疥癣，主要由疥螨、痒螨和足螨三种寄生虫引起。特征是皮肤炎症、脱毛、奇痒及消瘦。在秋末、冬季和早春多发，阴暗潮湿、圈舍拥挤和常年舍饲可增加发病概率和流行时间。

### （一）临床症状

病初虫体刺激神经末梢，引起剧痒，羊不断地在围墙、栏杆等处摩擦。在阴雨天气、夜间、通风不良的圈舍病情会加重，然后皮肤出现丘疹、结节、水疱，甚至脓疮，以后形成痂皮或龟裂。患羊因终日啃咬和摩擦患部，烦躁不安，影响采食量和休息，日见消瘦，最终因极度衰竭而死亡。疥螨病一般开始于皮肤柔软且毛短的地方，如嘴唇、口角、鼻面、眼圈及耳根部，以后皮肤炎症逐渐向四周蔓延；痒螨病则起始于被毛稠密和温度、湿度比较恒定的皮肤部分，如绵羊多发生于背部、臀部及尾根部。

### （二）防治措施

对新购入的羊要隔离观察，并进行药物防治后再混群，及时发现病羊并隔离治疗。

### （三）防治指南

选用阿维菌素、伊维菌素，每千克体重按有效成分 0.2 毫克口服或皮下注射，可于晚秋开始用药，每隔一个月用 1 次，连用 2～3 次。该病羊数量多且气候温暖时，用螨净水溶液进行药浴。气候寒冷且发病少时，先用肥皂水软化痂皮，第二天用温水洗涤，再用克辽林擦剂局部涂擦患部。

## 六、肝片吸虫病

该病多发生在夏秋两季，6～9 月为高发时期。羊吃了附着有囊蚴（虫卵→毛蚴→钻入椎实螺体内→胞蚴→雷蚴→尾蚴→从螺体逸出→囊蚴）的水草而感染，各种年龄、性别、品种的山羊均能感染，羔羊和绵羊的病死率高。常呈地方性流行，在湖区、沼泽和低洼地带放牧的羊群发病较严重。

### （一）临床症状

精神沉郁，食欲不佳，可视黏膜极度苍白，黄疸，贫血。病羊逐渐消瘦，被毛粗乱，毛干易断，肋骨突出，眼睑、颌下、胸腹下部水肿。

放牧时有的吃土，便秘与腹泻交替发生，拉出黑褐色稀粪，有的带血。病情严重的，一般经1～2个月后，因病情恶化而死亡，病情较轻的，拖延到次年天气回暖，饲料改善后逐渐恢复。

**（二）诊断**

可通过粪便检查的方法进行诊断，采取新鲜粪便5～10克，用尼龙筛淘洗法或反复沉淀法检出肝片吸虫卵，虫卵呈长卵圆形，金黄色，大小为（116～132）微米×（66～82）微米。再结合临床症状、流行病学、剖检及粪便检查等综合判断。

**（三）预防措施**

1. 药物驱虫。肝片吸虫病的传播主要是源于病羊和带虫者，因此驱虫不仅是治疗病羊，也是积极的预防措施。关键在于驱虫的时间与次数。急性病例一般在9月下旬幼虫期驱虫，慢性病例一般在10月成虫期驱虫。所有羊只在每年2～3月和10～11月应有两次定期驱虫，10～11月驱虫是保护羊只过冬，并预防羊冬季发病，2～3月驱虫是减少羊在夏秋放牧时散播病源。最理想的驱虫药是硝氯酚，每千克体重3～5毫克，空腹1次灌服，每天1次，连用3天。另外，还有联氨酚噻、肝蛭净、蛭得净、丙硫咪唑、硫双二氯酚等药物，可选择服用。

2. 粪便处理。圈舍内的粪便，每天清除后进行堆肥，利用粪便发酵产热来杀死虫卵。对驱虫后排出的粪便，要严格管理，不能乱倒，进行集中堆积发酵处理，防止污染羊舍和草场及再次感染发病。

3. 牧场预防。

（1）选择高燥地区放牧，减少在沼泽、低洼潮湿地带放牧。

（2）轮牧。轮牧是防止肝片吸虫病传播的重要方法。可利用铁丝网围栏、河流、小溪、灌木、沟壕等把草场分成若干小区，每个小区放牧30～40天，按一定的顺序一区一区地放牧，周而复始轮回放牧，以减少肝片吸虫病的感染机会。

（3）放牧与舍饲相结合。在冬季和初春，气候寒冷，牧草干枯，大多数羊只消瘦、体弱，抵抗力低，是肝片吸虫病患羊死亡最高峰时期，因此在这一时期，应由放牧转为舍饲，加强饲养管理，以增强抵抗力，降低死亡率。

4. 饮水卫生。在发病地区，尽量饮自来水、井水或流动的河水等清洁的水，不要到低洼和沼泽地带去饮水。

5. 消灭中间宿主。消灭中间宿主椎实螺是预防肝片吸虫病的重要措施。在放牧地区，通过兴修水利、填平改造低洼沼泽地来改变椎实螺的生活条件，达到灭螺的目的。据资料报道，在放牧地区，大群养鸭，既能消灭椎实螺，又能促进养鸭业的发展，是一举两得的好事。

6. 患病脏器的处理。不能将有虫体的肝脏乱弃或在河水中清洗，或把洗肝的水到处乱泼，而使病源人为地扩散，对有严重病变的肝脏应立即做深埋或焚烧等销毁处理。

### 七、羊鼻蝇蛆病

羊鼻蝇蛆病是羊鼻蝇幼虫寄生在羊的鼻腔或额突里，从而引起慢性鼻炎的一种寄生虫病。羊鼻蝇成虫多在春、夏、秋季出现，尤以夏季为多。成虫在6月、7月开始接触羊群，雌虫在牧地、圈舍等处飞翔，钻入羊鼻孔内产幼虫。经3期幼虫阶段发育成熟后，幼虫从深部逐渐爬向鼻腔，当患羊打喷嚏时，幼虫被喷出，落于地面，钻入土中或羊粪堆内化为蛹，经1~2个月后成蝇。雌雄交配后，雌虫又侵袭羊群再产幼虫。

#### （一）临床症状

患羊表现为精神萎靡不振，可视黏膜淡红，鼻孔有分泌物，摇头、打喷嚏，运动失调，头弯向一侧旋转或发生痉挛、麻痹，听、视力降低，后肢举步困难，有时站立不稳，跌倒而死亡。

#### （二）防治措施

该病应以消灭第一期幼虫为主要措施。各地可根据不同气候条件和羊鼻蝇的发育情况，确定防治的时间，一般在每年11月进行为宜。可选用如下药物：

1. 4-溴-2-氯苯基口服。

剂量按每千克体重0.12克，配成2%溶液，灌服。

2. 肌内注射。

取精制敌百虫60克，加95%乙醇31毫升，在瓷器内加热溶解后，加入31毫升蒸馏水，再加热到60~65℃，待药完全溶解后，加水至总量100毫升，经药棉过滤后即可注射。剂量按羊体重10~20千克用0.5毫升；体重20~30千克用1毫升；体重30~40千克用1.5毫升；体重40~50千克用2毫升；体重50千克以上用2.5毫升。

3. 二氯乙烯基烟雾法。

（1）口服：剂量按每千克体重5毫克，每天1次，连用2天。

（2）烟雾法：常用于羊群的大面积防治，药量按熏蒸场所的空间体积计算，每立方米空间使用 80％敌敌畏 0.5～1.0 毫升。吸雾时间应根据小群羊的安全试验和驱虫效果而定，一般不超过 1 小时为宜。

（3）气雾法：亦适合于大群羊的防治，可用超低量电动喷雾器或气雾枪使药液雾化。药液的用量及吸雾时间与烟雾法相同。

（4）涂药法：对个别良种羊，可在成蝇飞翔季节将 1％敌敌畏软膏涂擦在羊的鼻孔周围，每 5 天 1 次，可杀死雌虫产下的幼虫。

## 八、羊脑包虫病

羊脑包虫病又称脑多头蚴病、脑色虫病或"羊疯病"、多头蚴虫主要寄生在绵羊、山羊的脑脊髓内，引起脑炎、脑膜炎及一系列神经症状，是使羊致死的严重寄生虫病，它可危害牛、马、猪甚至人类。成虫则寄生于犬、狼、狐等肉食兽的小肠内。该病散布于全国各地，多见于犬活动频繁的地方。因能引起患畜明显的转圈症状，又称为转圈病或旋回病。

### （一）临床症状

寄生虫寄生在大脑前部，病羊则向前直跑，直至头顶在墙壁上，头向后仰；如在脑室，则向后退；如寄生在大脑后部则头弯向背面；寄生在小脑，病羊知觉敏感，易惊恐，运动丧失平衡，四肢痉挛，身体不能保持平衡；寄生在脊髓，表现步伐不稳，甚至引起后肢麻痹，病羊食欲减退，甚至消失，由于不能正常采食和休息，体重逐渐减轻，显著消瘦、衰弱，常在数次发作后或陷于恶病质时死亡。发病前期病羔羊症状多为急性型。体温升高，脉搏加快，呼吸次数增多，出现神经症状，做回旋、前冲、退后动作等，似有兴奋表现。后期（2～6 个月），多头蚴发育至一定大小，病羊呈慢性症状，典型症状随虫体寄生部位不同而出现不同特征的转圈方向和姿势。根据临床症状即可做出诊断。

### （二）防治指南

要根据虫体所在的部位实施外科手术，开口后，先用注射器吸出囊中液体，使囊体缩小，而后完整地摘除虫体。药物治疗可用吡喹酮，病羊按每千克体重 50 毫克，连用 5 天；或按每千克体重 70 毫克，连用 3 天。周围饲养狗的，定期给狗进行驱虫，消灭成虫，用硫双二氯酚，每千克体重 0.1 克；或氢溴酸槟榔素，每千克体重 1.5～2 毫克，包在食物内喂服。驱虫期间将狗拴养 1 周，并将粪便深埋或烧掉。平时要保护好饲草、饮水，防止犬在草堆上躺卧而污染饲草。

# 第七节　常见普通疾病诊治的标准化操作流程

## 一、羊支原体肺炎

病原有两种支原体，一是山羊丝状支原体，又名山羊传染性胸膜肺炎，只引起山羊发病，不引起绵羊发病；二是绵羊肺炎支原体，又名绵羊传染性胸膜肺炎，既可使绵羊发病，也可使山羊发病。

### （一）临床症状

潜伏期为 18～20 天。病初体温升高，精神沉郁，食欲减退。随即咳嗽，流浆液性鼻涕。4～5 天后咳嗽加重，干咳而痛苦，浆液性鼻涕变为黏脓性，常黏附于鼻孔、上唇，呈铁锈色。病羊多在一侧出现胸膜肺炎变化，肺部叩诊有实音区，听诊肺呈支气管呼吸音或摩擦音，触压胸壁，羊表现敏感、疼痛。病羊呼吸困难，高热稽留，眼睑肿胀，流泪或有黏液脓性分泌物，腰背拱起作痛苦状。怀孕母羊可发生流产。

### （二）预防措施

1. 疫苗接种。山羊传染性胸膜肺炎氢氧化铝疫苗，山羊、绵羊都可用，6 月龄以上每羊 5 毫升，6 月龄以下每羊 3 毫升，肌内注射，1 年1 次。

2. 从国外引进良种羊要经过严格检疫、隔离观察后方可混饲。勿从疫区引进羊只。

3. 加强饲养管理。定期进行羊舍内外消毒。羊群发病，及时进行封锁、隔离和治疗。污染的场地、羊舍、饲喂用具以及粪便、病死羊的尸体等进行彻底消毒或无害化处理。

### （三）防治指南

1. 阿奇霉素：成年羊用量为每千克体重 5 毫克，肌内注射，每天 1次，连用 5 天。

2. 泰乐菌素：成年羊 1 次 10 毫升，肌内注射。

3. 替米考星：每千克体重 10 毫克，皮下注射。

4. 氟苯尼考：成年羊 1 次 10 毫升，肌内注射。泰乐菌素与之联用，上午用泰乐菌素，下午用氟苯尼考，治疗山羊支原体肺炎，治愈率达90％以上。

5. 恩诺沙星：每千克体重 10～12 毫克，混于病羊日粮中饲喂。效果明显，1周后咳嗽减轻，2周后咳嗽停止。

6. 新肿凡纳明：每千克体重 10 毫克，用生理盐水配成 10％的注射液，静脉注射。4 天以后，重复使用 1 次，用量相同。药物治疗效果往往不够理想，可试用支原净，口服剂量为每千克体重 25～50 毫克，7 天为一个疗程，隔 7 天再服一个疗程。

## 二、羊咽炎

咽炎又称咽峡炎或扁桃体炎，是咽黏膜、软腭、扁桃体及其深层组织炎症的总称。原发性病因是机械性、温热性和化学性刺激；一般是羊受寒、感冒、机体防卫功能减弱时，链球菌、大肠杆菌、巴氏杆菌、坏死杆菌以及沙门菌等条件致病菌发生感染时发生。咽炎常伴随重症口炎、食管炎、喉炎、流感、炭疽、巴氏杆菌病和口蹄疫等传染病。

### （一）临床症状

病羊头颈伸展，吞咽困难，流涎、呕吐，流出混有食糜、唾液污秽的鼻液，严重的病羊有液体和食物从鼻孔回流。咽部触诊时，病羊表现疼痛不安。蜂窝织性和格鲁布性咽炎，伴有发热等症状。慢性咽炎，病程长，有咽部触痛等刺激症状。羊咽炎的综合征多为急性发作和局部疼痛，而无全身症状。

### （二）预防措施

防止受寒、感冒，注意饲养管理，避免条件致病菌的侵害。

### （三）防治指南

发病初期，对咽部先进行冷敷，后热敷，每天 2～4 次，每次 20～30 分钟，也可用乙醇、鱼石脂软膏或止痛消炎膏涂布。

重度咽炎，宜用 10％的青霉素溶液 10～20 毫升进行静脉注射，同时用青霉素进行肌内注射，每天 2 次，连用 3～5 天。或用 0.25％的普鲁卡因溶液和青霉素，进行咽部封闭，效果很好。

## 三、山羊瘤胃积食

瘤胃积食是饲养不当，山羊采食过量粗劣难消化的饲草，缺乏饮水，引起饲料膨胀超过正常容积，食物积滞于瘤胃内，致使瘤胃胃壁扩张、体积增大，引起瘤胃运动功能障碍和严重消化不良的疾病。当饲养管理不当，环境卫生条件差，山羊产生应激反应，也能引起瘤胃积食。舍饲育肥的山羊最易发生此病，特别是老龄体弱的山羊较多见，此外前胃弛

缓、创伤性网胃炎、瓣胃阻塞、真胃阻塞、真胃炎等疾病也会导致瘤胃
积食的发生。

**（一）临床症状**

以瘤胃坚硬，反刍、嗳气停止，疝痛，瘤胃蠕动音微弱或消失为特
征。发病较快，病初食欲、反刍、嗳气均减少或停止，鼻镜干燥，排粪
困难，粪便干黑。通常有腹痛表现，不愿走动，摇尾拱背，回头顾腹，
后蹄踏地，咩叫。后期精神萎靡，食欲废绝，反刍、嗳气消失，母羊泌
乳停止，四肢颤抖，卧地不起，呈昏迷状态。病羊有偷食或过量采食饲
料的情况。触诊瘤胃胀满，坚硬，并留有压痕，不能很快复原。视诊左
侧腹下轻度膨大，左肷窝部略平或稍凸出。听诊时瘤胃蠕动音减弱或消
失。一般体温不高。

**（二）防治措施**

1. 预防瘤胃积食，主要是加强饲养管理，避免羊过量采食，给予精
料饲喂时，要按日粮标准饲喂。减少外界环境的不良应激因素及其影响。
注意充分饮水、适当运动。

2. 发病初期禁食 1～2 天，不限制饮水，在饮水后，进行瘤胃按摩，
每次 20 分钟，以促进瘤胃的运动功能。

3. 清肠消导，用硫酸钠或硫酸镁 80～100 克，液状石蜡或植物油 200
毫升，番木别酊 15～20 毫升，龙胆酊 20～50 毫升，混合后加温水 500 毫
升，一次灌服，每天 1 次，连用 2～3 天。

4. 5％葡萄糖 200 毫升，5％碳酸氢钠 100 毫升，静脉注射。

5. 中药治疗：郁李仁 20 克，麻仁 30 克，枳实 8 克，厚朴 8 克，大
黄 20 克，芒硝 50～100 克，牵牛子 12 克，槟榔 5 克，神曲 9 克，食盐 60
克，煎水或共研细末，用食油或液状石蜡 120 毫升，开水冲调，候温
喂羊。

6. 手术：当使用以上方法治疗效果不佳时，应及早考虑施行瘤胃切
开术，取出瘤胃内容物，并用 1％温食盐水冲洗。


**四、羊瘤胃酸中毒**

羊瘤胃酸中毒又称乳酸中毒，是山羊采食过量谷物饲料或其他富含
碳水化合物的饲料，特别是加工成粉状的饲料，在瘤胃内发酵产酸，导
致瘤胃内乳酸增多，引起机体吸收大量乳酸，瘤胃中革兰菌大量崩解放
出内毒素等有害物质，进而导致以前胃功能障碍和微循环衰竭为主要特

征的一种急性代谢性酸中毒。危险性较高。草料任其采食，过食生面团，各种块根如萝卜、甜菜根，或突然改变饲料，特别是以饲喂牧草为主的山羊，突然改喂富含碳水化合物的精料，或天气突变，山羊处于应激状态等都可致病。

### （一）临床症状

临床以毒血症、严重脱水、消化障碍，瘤胃运动停滞、高乳酸血症以及高死亡率为主要特征。一般在采食过量谷物饲料后 24 小时内发病，病程发展较快。病羊精神沉郁，不愿走动，食欲废绝，反刍停止，胃肠蠕动消失，强迫运动时，步态不稳，喜卧。病羊目光呆滞，粪便稀软，酸臭，眼球下陷，结膜潮红或发绀。口腔黏膜红而干燥，少数病羊心跳加快，呼吸急促，有时出现张口、伸舌、气喘。严重病羊极度痛苦，呻吟，拱背，卧地不起，昏迷死亡。采食较多的急性病例，病程发展更快，若不急救，常于 4～6 小时死亡。采食较少的可能耐过，如病期延长，多数死亡。

### （二）预防措施

主要是加强饲养管理，每天每只奶山羊补饲谷物精料应控制在 1 千克以内，山羊羔玉米面的日饲喂量不宜超过每千克体重 10 克，并分 2 次以上喂给。山羊催肥时，补加精料要逐渐增加，使之有一个适应过程。阴雨天或农忙季节，粗饲料不足或放牧时间较短，更要注意严格控制精料的喂量，防止偷食。

### （三）防治指南

该病的治疗原则：排出胃内容物，中和酸度，补液强心，纠正酸中毒，提高肝脏解毒能力，恢复胃肠功能。

1. 瘤胃冲洗法。方法是用开口器张开口腔，再用胃导管经口腔插入胃内，排出瘤胃内容物，并用清石灰水（生石灰 1 千克，加水 5 千克，充分搅拌，取上清液备用）1000～2000 毫升反复冲洗，直至胃液呈弱碱性为止，最后再灌入清石灰水 500～1000 毫升。

2. 瘤胃切开术。当瘤胃内容物较多，且冲洗法无法排出时，可采用瘤胃切开术。将瘤胃内容物取出，并用清石灰水反复冲洗。

3. 补液强心，纠正全身酸中毒。采用上述方法后，用 5％葡萄糖生理盐水 1000 毫升，5％碳酸氢钠 200 毫升，10％安钠咖 5 毫升，混合，一次静脉注射。补液量应视脱水程度而定，必要时，一天可补液数次。

4. 控制和消除炎症。可用庆大霉素、小诺霉素、四环素、青霉素、链霉素、环丙沙星等抗生素药物。

5. 对症疗法。如出现兴奋不安可使用镇静剂；继发前胃弛缓可用油类泻剂等；对严重脱水，卧地不起者，在排出瘤胃内容物，经石灰水冲洗后，视病情变化情况，随时采取对症疗法。

## 五、羊胃肠炎

饲养管理不当是引发该病的主要原因，如采食了大量的冰冻或发霉的饲草、饲料以及有毒植物、化学药品，或误食了农药处理过的草料等都可致病。另外，某些传染病、寄生虫、胃肠病都可继发肠炎。

### （一）临床症状

病羊食欲减退或废绝，口腔干燥发臭，粪中有时混有血液及坏死的组织片。由于腹泻下痢，可引起腹水。当病羊虚脱时则不能站立或卧地，呈衰竭状态。继发性胃肠炎，首先会出现原发病症状，然后再呈现胃肠炎症状。

### （二）预防措施

采用科学的饲养管理措施。不喂霉烂变质和冰冻饲料，饲喂定时、定量，饮水应清洁、干净，保持畜舍内卫生、干燥、通风。

### （三）防治指南

1. 人工盐 15 克，液体石蜡 30 毫升，成年羊一次内服。

2. 磺胺脒 0.25 克×8 片，小苏打 0.3 克×8 片，加水内服。

3. 青霉素、链霉素各 80 万单位，一次肌注，每天 2 次，连用 5 天。

4. 当脱水时，先用糖盐水 200 毫升补充体液，然后用 10% 安钠咖 2 毫升，一次静脉注射。

## 六、羊子宫内膜炎

子宫内膜炎是山羊产后子宫内膜的急性炎症，常于分娩后发生，因难产、胎衣不下、子宫脱出、子宫复旧不全、流产、死胎滞留在子宫内等，微生物乘机侵入而致。曾患过布氏杆菌病、沙门菌病及其他侵害生殖道的传染病或寄生虫病的母羊，由于分娩后抵抗力降低或子宫损伤，则由原来潜在的子宫黏膜的慢性炎症加剧，转变为急性炎症而表现出来。

### （一）临床症状

病羊精神沉郁，体温升高，食欲减退或废绝，反刍减弱或停止，轻度臌气，拱背、努责，从阴门排出黏性或黏液脓性分泌物，严重时分泌物呈暗红色或棕色，且有臭味，尤其卧下时排出较多。若不及时治疗或治疗不当，可转变为慢性，常继发子宫积脓、积液、子宫与周围组织粘连、输卵管炎等，以致发情期紊乱，屡配不孕或受孕后又流产。

**（二）预防措施**

分娩时要严格消毒，对原发病要及时治疗。

**（三）治疗方法**

为消除炎症，可用氨苄青霉素钠肌内或静脉注射，每次用量为每千克体重 2～7 毫克，每天 1～2 次。也可用多四环素静脉注射，每次用量为每千克体重 1～3 毫克，每天 1 次。同时用磺胺甲基异噁唑内服，首次量为每千克体重 0.1 克，维持量为 0.05 克，每天 1～2 次。为了促进子宫收缩和增强子宫防御功能，排出子宫腔内的渗出物，可用缩宫素（催产素）皮下或肌内注射，每次用量为 10～50 国际单位。为了改善全身状况，增强心脏活动，促进子宫收缩和复原，排出子宫腔内的渗出物，可以用 10％葡萄糖酸钙注射液静脉注射补钙，每次用 50～150 毫升。也可用 5％氯化钙注射液静脉注射，每次用 20～100 毫升，但对心脏极度衰弱的病羊不宜补钙。一般不进行子宫冲洗，对全身症状严重者更要禁止冲洗，以免引起子宫弛缓和感染扩散。

## 七、母羊繁殖障碍

母羊繁殖障碍主要表现为山羊不孕，即山羊体成熟后达到繁殖年龄或分娩后经过一定时间不能正常受胎则称为不孕症。

**（一）临床表现**

1. 性周期不规则，即发情周期少于 14 天或超过 30 天以上仍不发情。

2. 经产母羊空怀天数超过 90 天。

3. 后备母羊配种 5 次以上情期不能怀孕或空怀年龄超过 20 月龄，30 月龄后仍不能投产的。

**（二）防治措施**

要治疗或防止母羊不孕，首先必须对母羊进行检查，并了解不孕的原因，有针对性地进行治疗。

**（三）临床检查**

1. 母羊的外阴部检查：主要检查外生殖器官的大小、形状，阴部有无炎症，有无炎性分泌物流出。

2. 阴道检查：视诊和触诊，用开膣器打开阴道，触诊阴道软硬度，注意子宫颈的位置，观察阴道内有无脓液、血液及其他炎性分泌物。

3. 直肠检查：即经验丰富者以食指插入羊直肠，隔着直肠壁探查卵巢、子宫等的情况。

4. 卵巢：注意大小、形状、质地，同时要考虑性周期的变化。

5. 输卵管：正常的纤细、弯曲、滑动，须仔细触摸方可感觉到，如变硬、变粗即表示发生病理变化。

6. 子宫：注意其位置、形状、质地、大小。正常时触诊未孕子宫有收缩反应，发情的则有弹性。若发生疾病时，则收缩反应弱或全无收缩反应。

7. 子宫颈：注意粗细、软硬度、有无炎症等，特别是经产母羊常因慢性炎症而使结缔组织增生，变粗变硬。

**（四）问诊**

1. 母羊产乳量及饲养管理等情况，特别是饲料的配合、各成分比例等。

2. 了解母羊过去的繁殖情况。如产后发情时间、产羔间隔期、产后情况。

3. 了解不孕母羊的家族史，可判断是否为遗传因素引起。

4. 了解母羊发病情况，尤其是生殖器官等疾病的情况。

5. 了解精液活力、精子质量等情况。

**（五）查清原因**

1. 人为因素，包括：人工授精技术不良、未适时配种、配种对消毒不严格，造成输精器械及子宫的污染等（系统性污染）；近亲繁殖；精子污染；饲养管理差、饲料配合单一。

2. 繁殖器官与功能障碍因素，包括：产羔子宫污染、子宫复位不全；传染病，如布氏杆菌、结核病等；机体衰老或生理功能下降等。

3. 其他因素，有的由于卵细胞发育或排卵障碍造成；有的是因为精液质量太差，精子密度不够，有效精子数不够而造成的；有的是精子与卵子的结合发生障碍，如卵管炎、未适时输精、子宫炎等；有的是因受精卵附植发生障碍，如子宫发育不良、子宫内膜炎等造成。

**（六）具体措施**

根据以上不同原因造成不孕采取不同的针对性防治指南，疾病引起的采取由药物治疗的方法。营养性不孕症采取补充营养，加强运动；管理不当造成的不孕应当改善饲养条件，促进生殖功能的恢复。具体防治措施如下：

1. 卵巢功能衰退，卵巢静止、幼稚；久不发情、性功能不期衰退，卵巢萎缩。卵巢功能暂时性扰乱，性周期长，严重时卵巢明显萎缩硬化，子宫收缩力减弱，泌乳明显下降。治疗：主要刺激羊只性功能的恢复。①乙烯雌酚 10～15 毫升肌注，1 次/2 天，连用 3 次，6 天后如无性欲，可用绒毛膜促性腺激素 200～500 单位肌注；②促卵泡生成素 100～200 单位，1 次/天肌注，连用 2～3 次，发情后可用促黄体生成素 100～200 单位肌注；③孕马血清促性腺激素 200～500 单位肌注；④三合激素，每 10 千克体重 1 毫升肌注；⑤中药：当归、菟丝子各 40 克，枸杞 50 克，益母草 20 克，阳起石 30 克，补骨脂 10 克，藕叶 5 张，甘草 50 克，红糖 50 克，煎服，每天一剂，连用 3 天。

2. 持久黄体：性周期或分娩后的卵巢中黄体超过 25～30 天，主要原因在于运动不足；饲料单一，缺乏维生素；子宫炎，子宫内积脓液、死胎、产后子宫复旧不全或胎衣滞留等造成性周期停止，母羊不发情，个别母羊出现很不明显的发情。治疗：①肌注促卵泡生成素 100～200 单位，1 次/2 天，连用 2 次；②三合激素每 10 千克体重 2 毫升肌注；③用前列腺素 5 毫升加 20 毫升生理盐水灌注子宫；④用氦氖激光照射交巢穴，每次 10 分钟，每天一次，连用 3 天。

3. 卵巢囊肿：分为黄体囊肿和卵泡囊肿。卵泡囊肿病母羊频频发情，外阴部下垂，充血，卧地时外阴门张开，伴随流出透明的分泌物，性情粗野，严重时叫声变粗好似公羊声，频频爬跨，频频排尿，尾部出现凹陷，每次发情期 6～8 天，直肠检查时患侧卵巢肿大，卵泡皮厚富有弹性，摸到实质部，有卵泡液波动。治疗：①黄体酮 50～100 毫克肌注，每天一次，连用 3 天；②促黄体生成素 100～200 单位，肌注 3 次；③绒毛膜促性腺激素加 30 毫升生理盐水每天冲洗子宫，连用 3 天。

4. 黄体囊肿：是由于未经排卵的卵泡壁上皮黄体形成的囊肿，其症状为：完全停止发情，卵巢上黄体块突出，且富有弹性。治疗：子宫内用前列腺素 5 毫克加生理盐水 20 毫升冲洗，注射绒毛膜激素 200～500 单位，用针刺法去除囊液。

5. 子宫疾病：包括子宫复位不全与子宫内膜炎。子宫复位不全的病因：难产、子宫脱出，胎衣不下，羊水过多，胎儿过大，多胎引起的妊娠期及产后期缺乏运动。产后恶露滞留或排出时间延长，子宫颈在产后 1～2 周以上仍开放，恶露从浅红色渐渐变成黏液性。治疗：①补液结合抗生素治疗；②垂体后叶激素 50～100 单位肌注；③土霉素粉 10 克加蒸馏水 50 毫升灌注；④柠檬酸 3 克，碳酸氢钠 3 克，土霉素 2 克制成泡沫剂冲洗子宫。子宫内膜炎：母畜的发情周期及发情表现正常，指检时触诊子宫较肥厚，阴道中存有从子宫分泌的稍浊的黏液状炎性分泌物。治疗：用 1% 土霉素 100 毫升，0.05%～0.1% 的高锰酸钾溶液 50 毫升反复冲洗，冲洗后子宫内放入土霉素胶囊 3 克，效果更好，对不明显的子宫炎，可在配种前 1～2 小时用 80 万单位青霉素和 100 万单位链霉素加 5～10 毫升生理盐水冲洗，然后配种。

6. 反复输精产生免疫而造成不孕。由于精子具有抗源性，多次重复交配和反复输精会引起母羊体内滴度升高，每输精一次，羊体血清与精子凝集就增高。治疗：①对产后子宫复旧不全或母羊有病者不输精；②对于 4 个情期输精不孕时，在以后 2 个性周期内不输精；③用 2.9% 柠檬酸钠精液稀释液 20 毫升加 80 万单位的青霉素，一天一次冲洗子宫。

# 第八节 常见中毒性疾病诊治的标准化操作流程

## 一、中毒原因

1. 饲料中毒：饲喂了发生霉变的玉米、稻谷、红薯、马铃薯、萝卜、白菜等引起中毒。

2. 农药中毒：饲喂或放牧时，误吃了刚喷过农药或残留农药的牧草、蔬菜等引起中毒。

3. 植物中毒：放牧时，吃了巴豆、闹羊花等植物引起中毒。

4. 药物中毒：注射药物时，超剂量或误用引起中毒，有机磷、砷、汞等化学药物引起中毒。

5. 毒蛇、毒虫咬伤中毒。

## 二、中毒防治原则

### （一）中毒的治疗

尽快促进毒物排出，应用解毒剂，实施必要的全身治疗和对症治疗。在毒物性质未明确之前，可采用通用解毒剂；当毒物种类已经或大体明确时，可采用一般解毒剂和特效解毒剂。

1. 通用解毒剂。活性炭 2 份、氧化镁 1 份、鞣酸 1 份，混合均匀。

羊 20~40 克，加水适量灌服。其中活性炭可吸附大多数毒物；氧化镁可中和酸类毒物；鞣酸可使生物碱、某些苷类和重金属盐类沉淀。因此，通用解毒剂对一般毒物都有一定解毒作用。

2. 一般解毒剂。适用于毒物在胃肠内未被吸收时，包括中和解毒、沉淀解毒和氧化解毒。

3. 特效解毒剂。有机磷农药中毒用解磷定，亚硝酸盐中毒用亚甲蓝，砷中毒用二巯基丙醇等，其用法用量详见使用说明书。尽快促进毒物排出，减少毒物吸收并解毒。

4. 洗胃。食后 4~6 小时，毒物尚在胃内，可用温水或生理盐水，毒物明确时，可加适当解毒剂，插入胃管反复洗出瘤胃内容物，必要时可施行瘤胃切开术洗胃。

5. 轻泻或灌肠。中毒发生时间较长，大部分毒物已进入肠道，宜用泻剂和灌肠，一般用盐类泻剂并配合活性炭或另灌淀粉浆，以吸附毒物，保护肠黏膜，阻止毒物吸收。用温水深部灌肠，也可促进毒物排出。

6. 放血和利尿。毒物已吸收入血时，可根据羊的体质，放血 100~200 毫升，或内服利尿素 1~2 克，以促进毒物排出。

### （二）中毒的预防

1. 认真执行饲养管理等有关制度。了解可能引起中毒的各种因素。

2. 农药及剧毒药品必须严加保管。

3. 饲喂牧草之前应先了解是否有毒。舍饲期间应考虑饲料种类，不要用不适宜的饲料喂羊。

## 三、亚硝酸盐中毒

亚硝酸盐中毒主要是由饲料、饮水或化肥中硝酸盐被微生物还原为亚硝酸盐而发生。当羊只采食了富含硝酸盐的饲料，或饮入含硝酸盐成分较高的饮水，以及误食硝酸铵、硝酸钾等化学肥料，被瘤胃微生物还原为亚硝酸盐。其次，青饲料因堆积贮放或调制不当而发热、腐烂，在微生物的作用下，饲料中的硝酸盐转化为亚硝酸盐，饲喂羊只，导致亚硝酸盐中毒。

### （一）临床症状

发病迅速，一般在采食后半小时左右突然发病。病初出现烦躁不安，食欲废绝，口流白沫，呼吸迫促，心跳加快，心律不齐，可视黏膜发绀。继之，体温下降，皮肤有冷感，可视黏膜发绀，呈蓝紫色，腹痛、腹泻、腹胀、多尿，运动失调，肌肉震颤。后期全身无力，卧地不起，呼吸困难，瞳孔散大，角弓反张，或四肢做游泳样动作，麻痹、昏迷。在极度呼吸困难时，病羊挣扎嘶叫，迅速窒息死亡。此外，亚硝酸盐在体内可透过胎盘屏障，少量多次地进入羊胚，可引起妊娠母羊流产，造成死胎、弱胎。血液呈棕褐色或酱油色（这是与氰化物中毒鉴别的主要标志），不凝固。肝脏肿大，肺充血、出血、水肿，心外膜有出血点。胃黏膜充血、出血，易脱落。

**（二）防治措施**

1. 为预防该病的发生，不要大量给予含硝酸盐多的青绿饲料或饮水。

2. 割回的青饲料要摊开敞放，青贮饲料在喂前应从青贮池中拿出放置一夜（暴露在空气中）。

3. 不要在刚施用过硝酸盐化肥的地方放牧。硝酸盐化肥应有专人保管，防止羊只误食。

4. 亚甲蓝对亚硝酸盐中毒有特殊疗效，常用其1%溶液（取亚甲蓝1克，溶于10毫升纯乙醇中，再加灭菌生理盐水100毫升），按每千克体重0.1～0.2毫升，静脉注射。但须注意只宜用低浓度的溶液。

5. 甲苯胺蓝治疗亚硝酸盐中毒，效果比亚甲蓝更佳，其还原高铁血红蛋白的速度，比亚甲蓝快37%。常以5%溶液按每千克体重0.5毫升，静脉注射，也可作肌内或腹腔注射，作用迅速，且无副作用。

6. 维生素C与亚甲蓝合用，达到彻底解毒的目的。一般用维生素C0.1～0.5克，加入50%的葡萄糖溶液200～300毫升，静脉注射。也可将亚甲蓝、维生素C和葡萄糖三者合用，效果良好。

7. 当心功能障碍时，可应用强心剂安钠咖、樟脑磺酸钠等。可内服液状石蜡或黏浆剂，以吸附毒物，并保护胃肠黏膜。

四、有机磷中毒

山羊有机磷中毒一般是误食喷洒过农药的饲草或应用敌百虫驱除寄生虫时过量。

**（一）临床症状**

突然发病，首先表现不安、跳跃、冲撞等狂躁症状。流涎、流泪，口角有白色泡沫，食欲废绝，空嚼、咬牙。瞳孔缩小，视力减退或消失，眼球颤动，结膜充血或发绀。心跳增快，心律不齐，心音混浊，脉细弱，末梢冰冷。呼吸快而浅，体温一般正常。瘤胃蠕动减弱，但肠音亢进，并频频排出稀便，伴随不同程度的腹泻或水泻，偶见粪便中带有血液。严重时，呼吸困难，肌肉痉挛及震颤，步态跟跄，共济失调，粪尿失禁。晚期发生脑水肿，出现癫痫样抽搐，脉搏、呼吸减慢，昏迷卧地不起，全身麻痹，最后多由于心肺麻痹而死亡。剖检可见胃肠黏膜充血、出血、肿胀，黏膜易剥离或脱落。胃内容物有大蒜味。心内膜有出血点或血斑，有的心肌出血。肝、脾、肾肿胀，切面紫红色，层次不清，肺水肿、充血或出血，气管、支气管内有白色泡沫，全身浆膜下有点状出血。

**（二）预防措施**

1. 农药的保管、数量、运输和使用，由专人负责，农药及其包装物不让山羊接触，严防其误食、舔食。

2. 饲养用具不用以调制农药。

3. 药浴驱虫应严格掌握溶液剂量、浓度。

4. 不在喷洒过农药不久的草地、田头放牧及不在污染的河边、池塘边饮水。

**（三）防治指南**

发病后应及时采取以下方法进行抢救：

1. 皮肤接触有机磷毒物发生中毒（如药浴或大面积皮肤驱虫，由皮肤吸收所引起者），可用温水彻底清洗。用低浓度的碳酸氢钠溶液冲洗，可减轻机体的毒性反应。但敌百虫中毒忌用碱性溶液洗涤，因遇碱后，敌百虫可转化为毒性更强的敌敌畏。对于乙基对硫磷（1605）中毒忌用高锰酸钾溶液洗涤，因为乙基对硫磷可被氧化成毒性更强的对氧磷。

2. 排出胃内毒物。由消化道食入毒物，应尽快洗胃或灌服盐类泻剂，排出胃内毒物。忌用植物油或其他油类泻剂。

3. 及时应用特效解毒药物。常用药品有两类：一类是抑制自主神经性药物（即胆碱能神经抑制剂），如阿托品；一类是胆碱酯酶复合剂，如解磷定或氯磷定或双复磷两类解毒药物，应同时应用，而且越早越好。阿托品按每千克体重 1.0 毫克，用其 1/3 量稀释为 2% 溶液，缓慢静脉注射，其余 2/3 量作皮下注射，注射后观察瞳孔变化，若无明显好转，20 分钟后用 2~4 毫克一次皮下重复注射，一直到瞳孔散大，逐渐清醒，症状显著减轻或消失，方可停止用药。解磷定（PAM）或氯磷定（2-PAM-CL）按每千克体重 1.0 克，用生理盐水配成 2.5%~5% 水溶液作静脉注射（氯磷定也可作肌内或皮下注射），以后每 2 小时 1 次，剂量减半。双复磷（TMB）疗效较佳，按每千克体重 20 毫克，使用方法同上。

4. 脱水。对于脑水肿出现癫痫样抽搐，共济失调，可使用甘露醇、高渗葡萄糖溶液，快速静脉注射。

5. 补液强心，解毒保肝。常用葡萄糖生理盐水、复方氯化钠溶液或高渗葡萄糖溶液作静脉注射。

6. 对症治疗。当心脏功能障碍时，可应用强心剂如安钠咖、樟脑磺酸钠等；当呼吸衰弱时，可应用尼可刹米等。在治疗期间，当病羊流涎吐沫停止，瞳孔散大，呼吸症状减轻和抽搐痉挛消失，是药物奏效的标志，然后根据全身其他情况应继续治疗（强心、利尿、健胃等）。

## 五、闹羊花中毒

山羊放牧时误食闹羊花，出现泡沫状流涎，呕吐，精神稍差，四肢叉开，步态不稳。严重者四肢麻痹，有喷射状呕吐，卧地不起，昏迷等症状。

### （一）临床症状

病羊行走不稳、羊口腔不断吐出黄绿色草汁液，咀嚼磨牙，体温正常，病重羊卧地不起，需及时抢救。

### （二）防治措施

1. 皮下注射 1% 硫酸阿托品。

2. 肌注 10% 樟脑磺酸钠。

3. 重者静脉注射葡萄糖生理盐水，加维生素 C。

4. 集松针煎汁或豆浆 500 毫升，加入 2 个鸡蛋清，灌服，一般都能痊愈，重病羊需静脉注射葡萄糖生理盐水 500 毫升，加维生素 C2 支。

## 六、尿素中毒

利用尿素或氨水、铵盐加入日粮中以代替蛋白质来饲喂牛、羊等反刍动物，当日粮中配制过多的尿素，或虽然尿素水平适当，但其混合不均匀，都会引起尿素中毒。此外，山羊饮水不足，体温升高，肝功能障碍，瘤胃 pH 值增高，以及处于应激状态等，也可增加其对尿素的敏感性而易中毒。

### （一）临床症状

症状常在摄入尿素或采食氨含量过多的饲料后 30～60 分钟发生。主要是对神经系统的损害和对胃肠道的刺激。初期病羊呕吐、空嚼、磨牙、瘤胃臌气、停食、过度流涎，口角有大量白色泡沫，口腔黏膜发炎、脱落、糜烂。呻吟不安、腹痛、出汗，皮温不整，末梢部位冰凉。结膜发绀，喉头发鼾声，鼻孔开张流泡沫，呼吸困难。心跳亢进，脉搏快而弱，有的达 140 次/分。运动共济失调，鼻唇痉挛，肌肉震颤，卧地后眼球震颤，并发展为严重抽搐，而且程度不断地加深，呈强直性痉挛。严重的病羊，出现昏迷，体温下降，眼球突出，瞳孔散大，全身痉挛，最后窒息死亡。死亡通常在中毒后几小时发生。

### （二）病理变化

为血凝固不全，口黏膜充血，胃肠道黏膜充血、出血、水肿、糜烂，胃内容物黄褐色有刺鼻的氨味，呈急性卡他性胃肠炎病变。肺呈支气管炎病变，支气管周围及肺泡充血、出血、水肿。鼻、咽、喉、气管充满白色泡沫。肾肝瘀血，肿大，呈紫黑色。胆囊壁水肿，黏膜瘀血，胆汁稀薄。心外膜、心包膜有弥散性出血。中枢神经系统有出血和退行性病变。肠系膜、肝门淋巴结肿大，呈灰白色。

### （三）防治措施

1. 在中毒初期，为避免氨吸收产生碱血症及碱中毒的加重，可投服酸化剂。如稀盐酸（或盐酸乙烯二胺）2～5 毫升，乳酸 2～4 毫升（加常水 200～400 毫升）或食醋 100～200 毫升，一次灌服，以降低瘤胃 pH 值，限制尿素连续分解为氨，直至症状消失为止。

2. 静脉注射 10％葡萄糖 500 毫升，10％葡萄糖酸钙 50～100 毫升，20％硫代硫酸钠溶液 10～20 毫升，可收到较好效果。也可用 25％硼酸葡萄糖酸钙溶液 100 毫升静脉注射，或氯化钙、氯化镁、葡萄糖等份混合液静脉注射。

3. 瘤胃臌气严重时，可行瘤胃穿刺术，以缓解呼吸困难。

4. 在中毒症状得到好转后，应用抗生素，防止继发感染。

5. 平时应防止羊只误食尿素及其含氮化肥。

6. 使用尿素补饲时，必须将尿素溶解与饲料充分调匀。饲喂量由少量逐渐增加，10～15 天逐渐达到标准定量。

7. 尿素在羊只精料或氨化饲料中的含量应控制在 3％以内。

### 七、氢氰酸中毒

氢氰酸中毒是山羊通常因喂食大量富含氰苷糖苷的饲料如高粱、玉米幼苗等而引起的中毒。刈割后的再生苗毒性尤高。

**（一）临床症状**

中毒常呈急性或最急性，快者在半小时内死亡。一般由兴奋、呼吸困难并立即转入脉搏徐缓，瞳孔扩大，眼球震颤，肌肉痉挛和惊厥而死亡。

**（二）预防措施**

少喂和不在富含氰苷糖苷植物的地区放牧等。

**（三）防治指南**

可静脉注射亚硝酸钠和硫代硫酸钠溶液。

## 八、毒蛇咬伤

山羊因放牧被毒蛇咬伤，蛇毒进入机体所引起的一种中毒性疾病。山羊夏秋季被咬伤较多，常于放牧中发生。

**（一）临床症状**

临床上以运动和呼吸麻痹，全身出血和心脏衰竭为主要特征。山羊常被毒蛇咬伤头部（唇、下颌）、颈部和四肢，被咬伤处出血、红肿、发热、剧痛，并很快扩展到其他部位。咬伤处发生坏疽，形成大溃疡。

1. 如为神经毒，病羊全身症状剧烈，局部肿胀。首先被咬伤处出现局部感觉消失，对捏夹或针刺等刺激没有反应，表现不安和兴奋，四肢无力，流涎，吞咽和呼吸困难，瞳孔散大，心律不齐，脉搏不整，全身出汗，皮肤发凉，肌肉震颤、抽搐和惊厥，呆立不动或卧地不起，发生虚脱。后变得安静以致沉郁，运动失调。最后导致心脏、呼吸麻痹，昏睡而死。

2. 如为出血毒，被咬伤处发热、红肿较为剧烈，甚至发紫坏死，并很快扩展到其他部位，肿胀区的中心有毒牙咬伤的痕迹，伤口有滴血现象，渗出的血液不凝。病羊呻吟不安，全身痉挛，皮温不整，流涎，呼吸促迫，脉搏加快，心音增强。病羊衰弱，卧地不起，最后因心力衰竭，中枢神经麻痹，多在 24～30 小时内死亡。

**（二）病理变化**

尸僵缓慢，血凝不良，患部附近淋巴结肿大或发生淋巴结炎，皮下组织呈浆液性浸润，肌肉坏死或呈熟肉状。心肌松弛、变软。肺充血水肿，并有小点出血。脾充血肿大。

**（三）预防措施**

在毒蛇危害地区，要把栏舍周围的杂草、瓦块铲除干净，堵塞空洞，使蛇无藏身之地。消灭牧场老鼠可间接减少毒蛇危害。放牧时，要将带头山羊颈部带上响铃或放牧员不时打响牧鞭以惊走毒蛇，确保羊群安全。要向放牧员普及防治毒蛇咬伤方面的知识，并配备必要的急救药品。

**（四）防治指南**

被毒蛇咬伤后，应迅速采取急救措施，清除和破坏蛇毒，尽可能地减少机体对蛇毒的吸收或减缓吸收的速度。

1. 阻止毒素扩散蔓延。立即在伤口的上端（近心端）绑扎，防止毒素向心脏和中枢扩散蔓延。切开伤口，挤出毒汁，或用拔火罐吸出毒素。或用粗针头在肿胀处进行点状戳刺，排出淡黄色的液体或血水。若肿胀蔓延时，可继续戳刺，并用双氧水冲洗伤口。

2. 破坏毒素。可在伤口周围组织，多点状注射氧化剂，如 3% 双氧水、2% 碘酊、1% 高锰酸钾溶液、2% 漂白粉液，以破坏其毒素。

3. 封闭。用 0.25% 普鲁卡因 20 毫升稀释青霉素 80 万单位，加胰蛋白酶 2000～5000 单位，在肿胀的边缘封闭。根据肿胀程度及肿胀面积的大小，确定封闭剂量和次数。

4. 防止出现心力衰竭，保护心脏功能。可静脉注射 10%～25% 的葡萄糖溶液、乌洛托品或碳酸氢钠液，肌内注射安钠咖或尼可刹米、樟脑磺酸钠等。

5. 解毒。可静脉注射特异血清来治疗。用抗蛇毒素（特异血清或多价血清）作肌内注射，严重病例可采用静脉注射，也可将部分血清注射到咬伤处周围。

6. 中药治疗。

（1）蛇总管 500 克，加白酒 100～200 克，捣烂后，取汁灌服，药渣涂擦伤口周围，并继续挤出毒液，敷在伤口周围，留出伤口排毒。

（2）灌服季德胜蛇药片，同时用水溶化蛇药片，在伤口的四周涂药，以便毒汁从伤口处排出。

（3）独角莲是治疗蛇毒的特效药，可用其根加酒（或醋）捣烂涂擦到伤口四周，每天早、中、晚各涂 1 次，连涂 3 天，并结合强心、补液等疗法。

## 九、霉菌毒素中毒

霉菌毒素中毒是山羊严寒季节，饲草不足，饲喂或采食了霉败的饲草和饲料而引起的中毒。主要发生于育肥期舍饲的羊，饲喂了霉败的饲草和饲料。①发霉的草料中含有曲霉菌、赤霉菌、镰刀菌、穗状葡萄球菌、黄曲霉菌等，这些霉菌产生的毒素具有不同程度的毒力，羊吃了这种霉败的草料导致中毒。②制作使用青贮、氨化饲料时，制作过程中压得不紧，窖封得不严实（漏气），导致制作的饲料霉败变质。用此种劣质霉变料喂羊，发生霉菌毒素中毒。③贮藏保管不当，潮湿的农作物秸秆和杂草被霉菌侵染、繁殖，导致霉败。

### （一）临床症状

主要临床症状为胃肠炎和神经紊乱。该病一般呈慢性经过，初期病羊食欲减退，消瘦，精神委顿，低头无神，咽、喉发炎，有的喉头麻痹，咽下困难或咀嚼无力。先便秘，后腹泻，粪便恶臭，常带有黏液或混有血液，有阵发性腹痛。母羊泌乳量显著减少或停乳。随着病情的发展，病羊食欲废绝，精神极度沉郁，可视黏膜苍白，站立不稳，步态蹒跚。体温、呼吸一般无变化，脉搏细弱。病羊出现神经症状，有间歇性抽搐，转圈，头顶墙壁站立，最后倒地昏厥死亡。有的病例兴奋和沉郁交替发生。症状严重者，多在十几小时死亡。轻者经过 2～3 天死亡或逐渐恢复。

### （二）病理变化

胃肠道黏膜有充血、出血、水肿、炎性变化。肝脏变性坏死，脾脏有出血点，肾和膀胱有炎症变化，心脏内外膜有散在的出血点，脑和脊髓充血、水肿。

### （三）防治措施

1. 发现中毒后应立即停喂霉败饲料，改喂青绿多汁易消化的饲料。

2. 清理胃肠，排出消化道内毒物。可用盐类泻剂如硫酸钠（或硫酸镁）50～100 克，加水灌服。毒物排出不全时，可内服 0.1％高锰酸钾溶液 500～1000 毫升，再用吸附剂及黏浆剂，以吸附毒物，保护胃肠黏膜，如药用炭 20～50 克，氢氧化铝凝胶 50～100 毫升，一次性灌服。

3. 解毒保肝。可用 10％葡萄糖溶液 500 毫升，内加 40％乌洛托品 10 毫升，10％氯化钙 10 毫升，维生素 C0.5～1.0 克，一次静脉注射。

4. 对症治疗。出现神经症状可用甘露醇快速静脉注射，防止脑水肿；心脏衰竭时，可用强心剂安钠咖等；腹痛不安时用止痛剂；极度兴奋不安时用镇静剂；脱水严重者，应及时补液。

除了以上常见中毒的情况，还有毒芹中毒、狼毒中毒、食盐中毒。

毒芹中毒：羊误食后，行动不安，瘤胃膨胀，口吐白沫，下痢，肌肉痉挛，多呈癫痫样发作。内服鞣酸 5 克或食醋 200 毫升即可缓解。

　　狼毒中毒：狼毒又称断肠草。羊采食后表现为腹痛、跳跃、呕吐。无特效药治疗。可灌服适量食醋解毒。

　　食盐中毒：主要表现为口渴。急性中毒羊口腔流出大量泡沫，兴奋不安，磨牙，肌肉震颤。

# 第九节　山羊常见外科疾病的防治

## 一、创伤

　　一般因放牧时山羊性情活泼好动而引起的创伤。如放牧场地的树枝、树桩，羊舍墙壁、门，围栏上露头的铁钉、铁丝等尖锐物体引起的刺伤或撕裂伤；饲养用具如钉耙、放羊鞭使用失误引起的砍伤、切伤；羊只在争食、打架斗殴、相互抵撞、跌倒于凸出地面的尖锐物体上面引起的挫伤和压伤；被其他动物咬伤而发生的咬伤。

### （一）临床症状

　　创伤的主要症状是出血、疼痛、肿胀、创口裂开和功能障碍。

　　1. 新鲜创。伤后的时间较短，创内尚有血液流出或存有血凝块、创内各种组织的轮廓仍能识别，绝大多数为污染创，创面附有尘土、泥沙、被毛及其他污物。创口裂开和疼痛的程度、出血量的多少，取决于创伤的部位，组织的性状，神经血管的分布，致伤物体的性质、速度和受伤的程度。山羊的凝血功能较强，微血管、小血管出血常能自行止血，大血管断裂，实质脏器损伤，常能引起大出血，如不及时抢救，可能发生出血性休克，甚至死亡。

　　2. 化脓感染创。伤后的时间较长，创内各种组织的轮廓不易识别，出现明显的感染症状，创围黏附有脓汁，从创口不断排出渗出液或脓液。创伤过大，感染严重，排液不畅，则会发生创伤中毒或全身化脓感染，而出现全身症状。

### （二）防治措施

　　加强饲养管理，消除引起创伤的各种因素，减少创伤的发生。一旦发生创伤要积极合理地治疗，争取第一期愈合或缩短第二期愈合的时间。

　　新鲜创的治疗。治疗原则是及时止血，防止继发损伤和感染，尽快做清创术，为创伤愈合创造良好条件。

1. 止血。创内弥漫性出血，可用压迫止血、填塞止血，大的血管出血可用钳夹止血、结扎止血，必要时局部或全身止血。

2. 清创围。创伤止血后，用数层无菌纱布覆盖创面，除去创缘周围的被毛、凝血块、泥土，用蘸上消毒液的纱布擦洗干净。要严防被毛、异物、污水进入创内。用碘酊消毒创围，酒精脱碘。

3. 清洗创伤。用生理盐水、3%过氧化氢、0.1%高锰酸钾、0.1%～0.2%的新洁尔灭等消毒液，反复冲洗创腔，直至清洁。

4. 清创术。是用手术的方法，扩大创口，切除挫灭坏死组织，消灭创囊、凸壁，修整创缘、创壁，使复杂的创伤变为简单创伤，力求使新鲜污染创变为近似手术创，以利于创伤的愈合。清创时，应严格无菌操作，必要时可施行局部或全身麻醉。清创术应在伤后立即进行，越早、越彻底越好。手术完毕，用消毒液冲洗创腔，用消毒棉吸干消毒液。

5. 创伤用药。对不需要清创和清创比较彻底的创伤，涂布抗生素或磺胺类药物。对污染严重，又不能缝合的创伤，涂布1∶9的碘仿磺胺或1∶9的碘仿硼酸粉。对组织损伤、污染严重，且清创无法彻底进行的创伤，用高浓度的中性盐溶液灌注或引流，如硫呋溶液［硫酸镁（钠）20克、0.1%的呋喃西林100毫升］、10%～20%的食盐溶液等。

6. 创伤缝合。清创比较彻底，创缘、创壁较整齐，施行全缝合；清创不彻底，有感染可能时，施行部分缝合；有厌氧菌感染，组织缺损、污染严重，不可缝合。

7. 创伤包扎。一般新鲜创，特别是四肢下部的创伤，均应包扎，冬季注意防寒，夏季注意防蚊蝇。

8. 化脓创的治疗。清除创内坏死组织、异物和脓汁，加速炎性净化，保证脓汁、渗出液排出畅通，防止感染扩大或转为全身感染。

（1）冲洗创腔。用制菌力较强的防腐消毒液或适当提高消毒液的浓度，冲洗创腔，除去脓汁至干净为止。

（2）外科处理。扩大创口，除去异物、坏死组织，消除创囊、盲管，排出脓汁。创腔过大、过深，排液障碍时，可作辅助切口。用消毒液反复冲洗，用消毒棉球吸干。

（3）创腔用药。急性期应选择具有抗菌作用的，增强淋巴净化，降低渗透压，促进酶类作用正常化和使组织消肿的药物灌注或引流。如10%的食盐、硫酸钠、水杨酸钠溶液、奥立夫柯夫氏液（硫酸镁80克、5%碘酊20毫升、碳酸钠4克、甘油280毫升、洋地黄叶浸剂100毫升、蒸馏水 80 毫升）等。急性炎症减轻化脓症状时，可用碘仿蓖麻油（碘仿 1 克、蓖麻油 100 毫升，加碘酊成浓茶色）、磺胺乳剂（氨苯磺胺 5 克、鱼肝油 30 毫升、蒸馏水 65 毫升）等灌注。

（4）化脓创经上述处理后，一般进行开放性治疗。

（5）根据需要，应用抗生素药物，控制感染或感染的扩散。

## 二、挫伤、血肿、淋巴外渗

由于羊体受钝性外力作用的挤压、撞击及跌倒等，使皮肤和黏膜的完整性没有受到破坏的一类损伤称非开放性损伤。非开放性损伤无伤口，常见的有挫伤、血肿、淋巴外渗等。

### （一）挫伤

挫伤是羊体在钝性外力直接作用下，引起的非开放性损伤。如棍棒打击、斗殴受到冲撞、运输途中重心失衡受到挤压，跌倒于硬地等，使软组织位于硬组织与钝性物体之间，迅速受到挤压发生损伤。软组织对外力的抵抗能力不同，损伤的程度也不同，软组织承受抵抗力的顺序是皮下疏松结缔组织、小血管、淋巴管、大血管、肌肉、筋膜、神经、皮肤。同一力量作用于软组织，抵抗力弱的可能受到损伤，而抵抗力强的完整性不受到破坏。当然，过于强烈的钝性外力作用，硬组织也会受到损伤，皮肤完整性也会受到破坏。

1. 临床症状

挫伤部被毛逆乱、脱落，皮肤擦伤、溢血、肿胀、疼痛和功能障碍。

（1）溢血。皮肤及皮下组织的小血管断裂，使血液积聚于组织内，在无色素沉着的皮肤上可见到溢血斑，指压不褪色。

（2）肿胀。损伤的组织被血液、淋巴液和炎性渗出液浸润，肿胀增温，呈坚实感，稍有弹性。

（3）疼痛。这是由于神经受伤或被渗出液压迫所致，感觉神经越丰富的部位，疼痛越剧烈，甚至发生休克。

（4）骨膜的挫伤往往发生于缺乏肌肉保护的部位，挫伤部出现扁平、坚实、疼痛的肿胀。严重的挫伤常伴有骨及关节的损伤。

2. 防治措施

治疗原则是制止溢血，消炎镇痛，促进肿胀的消散，防止感染，加速组织的修复。挫伤 2 天内可选用冷疗，使血管收缩，减少出血和渗出，2 天后改用温热疗法，如热敷、红外线、超短波照射等，也可局部涂擦刺激剂，如松节油、碘酊、5％鱼石脂软膏、樟脑酒精。四肢下部的挫伤可用白芷、连翘、乳香、红花、没药各等份，共为细末，醋调敷包扎。治疗过程中，要注意控制感染。

（二）血肿

挫伤时，血管断裂，溢出的血液分离周围的组织，形成充满血液的腔洞称为血肿。血肿形成速度快，一般均呈局限性肿胀，且能自行止血。较大的动脉断裂、血液沿筋膜下或肌间浸润，形成散漫性血肿。小血肿，血液凝固而缩小，最终血肿腔结缔组织化。较大的血肿在周围形成较厚的结缔组织囊壁，其中央仍贮存未凝固的血液，时间久，则变为褐色甚至无色。血肿感染后，则形成脓肿。

1. 临床症状：受伤后立即出现肿胀，并迅速增大，触诊有饱满感和弹性，波动明显，炎症反应轻微。4～5 天后由于血液凝固，肿胀周围呈坚实感，触诊有捻发音，穿刺可见血液。

2. 防治措施：血肿的治疗原则是制止出血，防止感染，排出积血。初期可在患部涂擦碘酊，冷敷疗法，装置压迫绷带，制止出血和组织分离，减小血肿。经 4～5 天后小的血肿穿刺抽出积血，注入普鲁卡因抗生素。大的血肿，可切开排出积血、凝血块和挫灭组织，如血管仍出血，可施行结扎止血，清理创腔，涂抗生素，缝合创口或开放治疗。

（三）淋巴外渗

钝性外力在羊体上强力滑擦，淋巴管断裂，淋巴液聚积于组织内的一种非开放性损伤。山羊多见于皮下结缔组织，致使皮肤或筋膜与其下部组织发生分离，淋巴液聚积其内而形成。

1. 临床症状

淋巴外渗发生缓慢，一般受伤后 3～4 天出现肿胀，并逐渐增大，肿胀界限明显、波动，皮肤不紧张，炎性反应轻微，发展缓慢。触诊时肿胀内容物呈波浪状迅速向四周扩散，压迫停止，又恢复原位。穿刺可见淋巴液或混有少量血液。

2. 防治措施

保持患羊安静，闭塞淋巴管断端，防止感染。较小的淋巴外渗，可用注射器抽出淋巴液，然后注入 95％的乙醇或乙醇福尔马林液（95％乙醇 100 毫升、福尔马林 1 毫升、碘酊数滴），停留片刻后，将其抽出。在许可的部位，配合压迫绷带效果更佳，一次无效，可进行第二次治疗。较大的淋巴外渗，切开排出淋巴液，用乙醇福尔马林液冲洗，并将浸有乙醇福尔马林药液的纱布填塞于腔内，作假性缝合，当淋巴管完全闭塞后，可按创伤治疗。治疗淋巴外渗时应注意，长时间的冷疗，能使皮肤发生坏死；温热、刺激和按摩疗法都可促进淋巴液流出和破坏已形成的淋巴栓塞，故这些疗法都是禁忌的。

### 三、脓肿

任何组织或器官内形成外有脓肿膜包裹，内有脓汁潴留的局限性脓腔时称为脓肿。绝大多数由化脓性致病菌经皮肤、黏膜的伤口感染；强烈的刺激性化学药品漏注到静脉外或误注入皮下、肌肉也能引起。小的脓肿受健康组织的压迫吸收或机化。较大的脓肿受健康组织的围拢，脓汁向表面发展，皮肤浸润变软，自溃脓汁流出。深部组织的脓肿或向深部发展的脓肿，表面压力大，脓肿膜破坏，可形成蜂窝织炎，若被淋巴、血液转移到其他部位，会形成转移性脓肿。

**（一）临床症状**

1. 浅在性脓肿，发生于皮下、筋膜下、表层肌肉组织。初期局部肿胀，与周围的组织无明显的界限，而稍高出皮肤表面，触诊时局部温度增高，坚实，有剧烈的疼痛反应。后期肿胀与周围组织的界限明显，中心变软，皮肤可自行破溃流出脓汁。

2. 深在性脓肿，主要发生于肌肉、肌间结缔组织、骨膜下。由于外被较厚的组织，因而局部表现不太明显，但局部常出现皮肤、皮下组织水肿。制脓膜常受到破坏，脓汁可沿解剖学通路流窜，形成流柱性脓肿或蜂窝织炎，此时，多伴有全身症状。对脓肿诊断有困难时，可穿刺确诊。

**（二）防治措施**

加强饲养管理，防止羊体刺伤，注射药物时要严格无菌操作。治疗原则，初期促进炎性产物的吸收消散，防止脓肿形成；后期促进脓肿成熟，排出脓汁。

1. 急性炎症阶段，局部可涂擦樟脑软膏、复方醋酸铅散、鱼石脂酒精、碘酊等，也可施行冷敷疗法。较大的病灶，可用普鲁卡因抗生素对病灶周围进行封闭疗法。局部治疗的同时，应根据病羊的情况，配合应用抗生素、磺胺类药物及对症的全身疗法。

2. 消炎无效时，局部应用鱼石脂软膏、鱼石脂樟脑软膏等刺激剂；温热疗法；促进脓肿成熟。待局部出现明显的波动时，应立即施行手术治疗。

3. 脓肿切开法：在波动最明显的地方切开脓肿，切口的长度和深度要有利于脓汁的排出，不要破坏切口对侧的脓肿膜。必要时，可作辅助切口或反对孔。切开后排出脓汁，清除坏死组织，用防腐消毒液反复冲洗，用消毒棉球或纱布轻轻擦干，涂布抗生素。脓肿较深或脓汁排出不畅时，可用浸铋泼糊剂（碘仿 16 克、次硝酸铋 6 克、液状石蜡 180 毫升）等的纱布条引流。

4. 脓汁抽出法：在不宜作切口部位或较深的脓肿，用注射器将脓肿腔内的脓汁抽出，用生理盐水反复冲洗脓腔，抽尽腔内液体，灌注抗生素溶液。

## 四、败血症

败血症是有机体从败血病灶吸收致病菌、毒素和组织分解产物进入血液循环，而引起的全身性病理过程。它是开放性损伤、局部炎症和化脓性感染过程以及手术后的一种最严重的并发症，病情严重危急时，若治疗失时或不当，死亡率较高。它是有机体从感染化脓病灶，如化脓创、脓肿、蜂窝织炎、重度烧伤后及手术后感染等，吸收细菌、毒素、组织分解产物进入血循环引起，常见的细菌有溶血性链球菌、金黄色葡萄球菌、大肠杆菌、厌气性和腐败性菌。有时呈单一感染，有时呈混合感染。有机体衰竭，维生素不足或缺乏，营养不良，某些慢性病是全身化脓感染的诱发因素。局部化脓病灶处理不及时或不当，会促进全身化脓感染的发生。

### （一）临床症状

发病急剧，山羊常躺卧，起立困难，体温升高 2～3℃，肌肉剧烈颤抖，口腔干燥，有渴感，可视黏膜有出血点，乳山羊泌乳量明显下降，精神沉郁，脉搏细速，呼吸困难或急促。

### （二）防治措施

对任何局部化脓感染都应及时合理进行治疗，防止感染扩散，加强饲养管理，减少或消除感染的发生。

1. 治疗原则是消除感染，解除中毒，增强机体抵抗力，恢复受害器官的功能。

2. 必须从败血病灶入手，彻底清除病灶内的坏死组织、异物，切开创囊、窦道，排出脓汁，保持引流畅通，用消毒能力强的防腐消毒液反复冲洗，消除传染和中毒来源。

3. 必须早期应用抗生素疗法、支持疗法等，以中和毒素，抑制感染的发展，增强机体抵抗力。早期大剂量应用抗生素及肾上腺皮质激素。增效磺胺治疗全身化脓感染，在临床上取得了良好的效果，常用的有增效磺胺嘧啶、增效磺胺甲氧嗪、增效磺胺-5-甲氧嘧啶等注射液，可供肌内或稀释后静脉注射。

4. 补给足量的平衡液，可用碳酸氢钠防治酸中毒，有条件时或价值较高的种羊最好输给相合的全血。注意保护心脏、肾脏、肝脏、肺脏功能。

## 五、风湿病

风湿病是结缔组织反复发作的急性、慢性非化脓性炎症。其特征是胶原结缔组织发生纤维蛋白变性以及骨骼肌、心肌和关节囊中的结缔组织出现非化脓局限性炎症。风湿病发作之前，患羊常出现咽炎、喉炎、扁桃体炎等上呼吸道感染。风、寒、潮湿等因素在风湿病的发生上起着一定的作用。如畜舍潮湿、阴冷、受穿堂风的侵袭，夜卧于寒湿之地或露宿于风雪之中都很容易诱发风湿病。

### (一) 临床症状

全身急性风湿，羊突然发病，体温升高 1℃ 左右，心跳加强，血流加快，全身大片肌肉疼痛，不愿走动，迈步不灵活，常 1～2 肢出现跛行，发病的肌肉疼痛敏感，表面凹凸不平，皮肤发硬有变厚感，病羊精神沉郁，食欲减退。当转为慢性时，病羊全身症状不明显，肌肉、肌腱的弹性降低，重者肌肉僵硬、萎缩，运步强拘。全身急性风湿病病程短，1～2 周好转或痊愈，但易复发，有转移性。

关节风湿病，常发生于活动性较大的关节，如肩关节、肘关节和膝关节等，常呈对称的关节发病。急性期呈现风湿性关节滑膜炎，关节囊及周围组织肿胀，滑液增多，滑液中混有纤维蛋白，患病关节外形粗大、温热、疼痛、肿胀，运步时出现跛行，病羊伴有全身症状。转为慢性时，关节滑膜及周围组织增生、肥厚，关节肿大，轮廓不清，活动范围变小，运动时关节强拘，患病关节温热、疼痛，全身症状不明显。

不论哪种风湿病，病羊随运动量增加，运动功能障碍有所减轻或消失，有复发性，有转移性。

### （二）防治措施

畜舍要保持干燥、清洁，门、窗不要对开，保温防寒，精心饲养，上呼吸道感染时，如能在早期应用大剂量抗生素进行彻底治疗，常能防止和减少风湿病的发生。风湿病的治疗原则是消炎、镇痛、抗过敏。

1. 水杨酸钠制剂是目前治疗该病较为理想的药物，水杨酸钠类药物能抑制抗体与抗源结合或抑制这种结合所引起的酶的活性，也有稳定细胞内溶酶体的作用，以阻止释放活性介质，减少因免疫损伤而引起的临床症状，可减少渗出，使肿胀、疼痛减轻或消失。10％水杨酸钠注射液，每千克体重1～1.5毫升，1次静注，1天1次，3～5次为一个疗程。配合应用10％葡萄糖酸钙注射液效果更好。

2. 皮质激素类药物，有显著的消炎和抗变态反应的作用，氢化可的松、强的松龙注射液，每千克体重1～1.5毫升，1次静脉注射，1天1次，3～5次为一个疗程。配合应用10％葡萄糖酸钙注射液效果更好。皮质激素类药物，有显著的消炎和抗变态反应的作用，氢化可的松、强的松龙注射液5～20毫克或地塞米松注射液5～10毫克，混入生理盐水或5％葡萄糖注射液中供静脉注射；醋酸强的松或氟美松磷酸钠注射液5～30毫克供肌内注射。1天1次，3～5次为一个疗程。

3. 解热镇痛药，可选用安乃近、镇跛痛、安痛定等，10～15毫升一次肌内注射。

### 六、骨折

骨的完整性和连续性受到破坏称为骨折。骨骼发生裂隙或断离，并伴发骨折部的软组织损伤。皮肤和黏膜的完整性受到破坏的骨折称为开放性骨折，皮肤和黏膜的完整性没有受到破坏的骨折称为闭锁性骨折。骨发生裂隙时称不全骨折或骨裂，骨发生断离时称全骨折。该病多为打击、跌撞、互相斗殴、压挤等外力所造成；另外，妊娠后期，慢性氟中毒等病理状态下导致骨质疏松，应力降低，只要遭受不大的外力，也能引起骨折。

### （一）临床症状

发病后患部出现肿胀、疼痛、出血，高度跛行。变形，骨折断端因受外力、肌肉拉力和肢体重力等影响，造成骨折段的移位。异常活动，在正常情况下，肢体完整而不活动的部位，在骨折后负重或做被动运动时，出现异常活动。骨摩擦音，骨折两断端互相触碰，可听到骨摩擦音或有骨摩擦感。

1. 臂骨骨折：骨折部多在骨干，以螺旋形骨折较多，突然发生高度跛行，病肢不能负重，患部有明显的肿胀、疼痛和增温，站立时病肢肩关节下沉，肢体似乎变长，当臂骨骨折时，可将一手平放于肩关节附近，另一手握住尺骨头，将其轻轻左右晃动，可有骨摩擦音或明显的异常活动。

2. 股骨骨折：股骨骨折以股骨颈部骨折多见，病羊突然发生高度混合跛行，患肢完全不能负重或仅用蹄尖着地，运步时患肢不能屈曲，向前提举困难，且向外划弧，患部肿胀、疼痛明显。

3. 桡骨、胫骨骨折：全骨折时，呈现重度跛行，病肢不能负重，呈三脚跳跃，骨折部可见到钟摆样异常活动，局部肿胀，触诊时疼痛明显，有骨摩擦音。不全骨折时，出现中度或重度跛行，站立时臀部下重，关节屈曲，肢体呈半弯曲状并以蹄尖轻轻支地，触诊沿骨折线有疼痛性肿胀。

4. 掌骨、拓骨骨折：发病率较高，易发生开放性骨折，全骨折时，突然发生重度跛行，骨折部出现疼痛性肿胀，被动运动时，异常活动骨摩擦音明显。不全骨折时，局部肿胀，病肢常以蹄尖着地减少负重，呈现重度跛行，沿骨折线触诊和叩诊，可见明显的疼痛。

**（二）防治措施**

骨折是一种严重的外科疾病，重要的是消除引起骨折发生的因素，防止骨折的发生。山羊是群居、放牧为主的家畜，一旦发生骨折需隔离单独饲养。不全骨折，限制活动，局部包敷行血破瘀、通筋活络的中药，7～10天可以混群放牧，一般都能痊愈。对不宜作外固定部位的骨折、复杂骨折、软组织严重损伤的开放性骨折，愈后要慎重，没有经济价值应果断淘汰处理。复位、固定、功能锻炼是治疗骨折的3个要点。开放性骨折，创口经严格的外科处理后，施行暂时固定，待肿胀消退，炎性反应基本平息时进行复位、固定。

1. 复位：四肢是以骨为支架，关节为枢纽，肌肉为动力进行运动。骨折后支架丧失，不能保持正常活动。骨折复位是使移位的骨折重新对位。复位时间越早越好，力求做到一次正确复位，应尽量使复位时无痛和局部肌肉松弛。复位时应根据损伤的部位、性质，按照"欲合先离，离而复合"的原则，将远、近骨折作对抗牵拉，然后根据骨折情况，分别采用挤按、推拿、托压、摇晃和旋转等不同手法，使其复位，尽量达到或接近解剖学对位。

2. 外固定：尽可能让肢体关节保持一定的活动范围，既不妨碍肌肉的纵向收缩，又不使骨折断端移位，保持断面的良好接触。临床实践中常用的是竹片、木片夹板绷带固定法。

3. 内固定：适用于有经济价值的种羊，在不宜作外固定的部位。用手术的方法切开软组织，暴露骨折断端，在直视下进行复位，复位后根据需要和可能选用接骨板、接骨针、接骨螺丝进行固定。

4. 功能锻炼：适当的活动可以加强血液循环，加速骨折的修复和患肢的功能恢复。如果活动有可能使骨折部再损伤或移位，则需在一定时期内限制活动。

5. 骨折的治疗，还有一些问题需要解决，如开放性骨折感染的控制，复位后再移位，四肢上部骨折的固定等。

## 七、关节扭伤

关节扭伤是关节突然受到间接的机械外力作用，使关节超越了生理活动范围，瞬间过度伸展、屈曲或扭转而发生的关节损伤。常发生于膝关节、肩关节和髋关节。多见于跳跃闪伤，跌倒，奔走失足，踏入深坑、深沟，狂奔乱跑，急转猛停等，均能引起该病。在以上的致病因素作用下，关节超生理范围的侧方运动和过度屈伸，轻者引起关节韧带和关节囊的剧伸，重者能使韧带、关节囊的纤维部分断裂或全断裂，甚至引起软骨和骨骺的损伤。

### （一）临床症状

羊患肢突然出现跛行，轻度扭伤，提举、伸展不充分，避免负重；中度扭伤运动功能明显障碍，负重时间短或不能负重；重度扭伤，则呈三肢跳跃的高度跛行。患关节部出现肿胀、疼痛、增温。被动运动检查时，患关节疼痛明显，触诊时患关节疼痛敏感，特别是韧带、关节囊附着部。

### （二）防治措施

关节扭伤的治疗原则是制止出血和炎症发展，促进渗出物吸收，镇痛消炎，预防组织增生，恢复关节功能。

1. 在伤后1～2天，为了制止关节腔内的出血和渗出，可用冷疗和包扎压迫绷带，症状严重时，可注射凝血剂，使病羊处于安静状态。

2. 待急性期过后，为了促进吸收，可用热疗，并在患部涂擦刺激剂，如 5％碘酊、10％樟脑酒精、四三一擦剂或 5％碘软膏。关节周围用普鲁卡因青霉素封闭。用中药红花散泡药酒涂擦患部，涂擦的同时进行按摩。如果关节囊渗出物太多，难以吸收，可关节囊穿刺抽出积液，注入普鲁卡因青霉素或肾上腺皮质激素。

3. 对长期不愈的关节扭伤，可用石蜡、鱼石脂酒精热绷带治疗。韧带、关节囊损伤严重或怀疑有软骨、骨损伤时，应包扎夹板绷带。

## 八、髋关节脱位

髋关节骨端的正常位置和结合受到破坏，称为髋关节脱位。羊的关节脱位在临床上以髋关节最为多见。种公羊发病率较高，配种、爬跨时突然转倒。狂奔时突然踏空或陷入深坑、洞穴。母羊在分娩过程中，或发情期被爬跨等外力作用于关节，都能引起髋关节脱位。受害关节在超出生理范围活动状态下，关节韧带和关节囊遭到破坏，引起关节脱位。根据股骨头脱出关节窝的程度可分为全脱位和不全脱位，根据股骨头脱出的方向可分为前、后、内、上方脱位。山羊常见的是上方及前方脱位。

### （一）临床症状

前方脱位，股骨头转位固定于关节前方，大转子向前外方突出，髋关节部变形隆起，运动时可听到捻发音，站立时患肢外旋，患肢拖地，举肢严重受限。上方脱位，股骨头被异常固定于髋关节的上外方，站立时患肢明显缩短，呈内收姿势或伸展状态，同时患肢外旋，蹄尖向前外方，运动患肢外展受限，内收容易。大转子明显向上方突出。运动时，患肢拖拉前进，并向外划弧。

### （二）防治措施

加强饲养管理，特别是种公羊在配种季节严加看管，预防髋关节脱位。髋关节脱位的治疗原则是尽快复位，妥善固定。

1. 整复：患羊全身用静松灵麻醉，患肢在上的侧卧保定，助手固定羊的后躯，术者用手握住膝关节和胫骨，试行整复。前方脱位先向后下方牵拉，然后向前、向外旋，即可复位。上方脱位，稍向外展，然后向背部相反方向牵拉的同时向前、向内旋转，即可复位。复位后关节部位正常，肢体的姿势正常。

2. 固定：整复后用 95％乙醇或 10％氯化钠溶液 10～15 毫升 3～5 点注射到髋关节周围，诱发炎症加以固定。令病畜侧卧 4～6 小时，然后慢慢扶起，置于安静的环境中。也可在站立保定下，施行关节局部麻醉，复位固定，12 小时内保持患羊安静，治疗效果较好。病程长，增生的结缔组织长入髋臼窝，股骨头被覆结缔组织，复位后又反复脱位，治愈的希望就不大。

### 九、外伤性蹄皮炎

外伤性蹄皮炎是由各种异物造成的刺伤、挫伤，引起真皮的炎症。如继发感染时，则引起化脓性蹄皮炎。蹄底角质过度磨灭、过薄、过软及某些变形蹄，都易被放牧地的尖锐异物损伤，如在收获后的玉米地、水稻田、小麦地放牧。

#### （一）临床症状

受损伤后可出现跛行，跛行的程度决定于损伤的类型、程度、大小和感染的程度。异物还存在时，容易找到患部。蹄底挫伤时，清洗蹄底后，可发现病变部位，压迫患部，患羊有疼痛反应。已感染形成化腔性蹄皮炎时，可见伤口有脓性渗出物流出，感染向深部蔓延，引起蹄内化脓过程时，蹄部的炎症症状明显，跛行加剧，甚至有全身症状。

#### （二）防治措施

1. 发生刺伤后，应进行彻底的外科处理，防止感染。已化脓时，必须切开角质，排出渗出物或脓汁，清洗、消毒、灌注碘仿醚或其他药剂。

2. 挫伤时，轻度用甲醛或硫酸铜蹄浴，使角质变硬和防止感染，如挫伤严重或已感染时，应切开按化脓创治疗。

3. 治疗后要保持羊舍干燥，防止粪、尿和脏水的污染。

# 第六章　羊场粪污的无害化处理和资源利用

## 第一节　山羊粪污对环境的污染与危害

　　山羊粪污对环境的污染与危害，是一个不容忽视的生态和环境保护问题，山羊粪污包含着大量的病原微生物，同时粪污在贮存过程中会释放出大量的有毒、有害、恶臭物质，对空气、土壤、水体等生活环境造成污染与危害，严重威胁人类和畜禽的健康。

### 一、对空气的污染与危害

　　山羊粪污对空气的污染常见于山羊场圈舍内外和粪堆周边，主要原因是山羊粪污在有机物分解过程中会产生甲烷、氨气等有毒、有害、有异味气体及携带病原微生物的粉尘。这些气体和粉尘大多具有强烈的刺激性和毒性，不仅会降低羊群生产性能，当浓度达到一定值时会致使羔羊中毒死亡和对饲养人员身体健康造成严重的伤害。除此之外，粪污分解过程中产生的气体和腐殖质极易吸引蚊虫，导致蚊虫大量孳生，蚊虫叮咬羊群增加了各种疾病传播风险，更是防不胜防，给养羊业造成了巨大损失，严重地挫伤了山羊养殖场（户）的积极性。同时蚊虫多也给养殖场周边的居民带来困扰，甚至还会引起山羊养殖场与周边居民的纠纷。

### 二、对土壤的污染与危害

　　山羊粪污对土壤的污染主要是粪污中含有的病原微生物、寄生虫等病菌和虫卵会污染土壤，有些病菌和寄生虫卵能在土壤中存活多年，通过接触土壤的伤口、在土壤中生长的农作物等直接或间接的方式进入人体或畜禽机体，给人体和畜禽机体带来不同程度的危害，引起土壤的组成和性状发生改变，从而破坏土壤原有的功能，造成对土壤的污染。没经过发酵处理的山羊粪污等有机物料施到土壤后，当具备发酵条件时，发酵产生的热量会抑制农作物生长，烧毁农作物根系，严重时导致植株死亡。羊粪的 pH 值通常在 7.5~8 之间，为弱碱性，长期施到土壤后容易导致土壤盐碱化。

### 三、对水体的污染与危害

有的山羊养殖场（户）片面追求经济效益，环保意识淡薄，羊场的粪污无害化处理技术、设施设备落后，让大量的山羊粪尿随着水源直接流出，有的甚至直接排入河流中。羊粪中所含的高浓度氮、磷等元素可引起水体富营养化，加之粪污本身有机物的厌氧分解，使水的品质恶化，进而导致鱼类的大量死亡、腐烂、沉淀，污泥增多，给水的净化增加困难，带来恶性循环。污染后的水表面颜色发黑，散发臭味，在影响了山羊场自身环境的同时，也给周边环境造成了极大的污染和危害，特别是粪尿中的有害微生物、致病菌、寄生虫卵通过水肆意传播造成疾病发生，严重地影响了山羊场自身可持续发展。

### 四、严重威胁人类健康

山羊粪污中的病原微生物、致病菌及寄生虫的肆意传播，给人类的健康甚至生命造成严重威胁。山羊粪污在发酵过程中释放的臭气会使人感到恶心、呕吐、食欲不振，甚至诱发呼吸道疾病。羊的布鲁菌病、破伤风病，炭疽，传染性脓疱，血吸虫病和脑包虫病等均是人畜共患病，在一定的条件下可以感染人类，对人类造成极大的危害。

## 第二节　山羊场粪污无害化处理的基本原则及处理措施

### 一、粪污处理的基本原则

#### (一) 减量化处理原则

大力提倡"清污分流、粪尿分离"，将粪尿分别以不同的方式和渠道堆放、收集和处理。根据粪污来源，通过饲养工艺改变及相关技术设备的完善，减少山羊场粪污的产生量，不仅可以节约资源，也减少了粪污的后处理投资和运行成本，提高粪污治理效果。

#### (二) 资源化利用原则

提高利用价值，多层次、多功能地开发其能源、肥料价值，将山羊粪污利用起来，同步获得多种效益。羊粪含磷 0.46%，含钾 0.23%，氮含量达 0.66%，有机质含量高达 30% 左右，氮含量超出其他畜禽粪污一倍。因此，同样数量的羊粪施到土壤中，肥效超出其他畜禽粪污，羊粪是一种速效肥料，有机质多，肥效快，利用生物发酵等技术，加工处理后，可将羊粪变废为宝，作为土壤改良剂和农作物生长所需的有机肥料。同时减少对水、大气、土壤及农作物的损害，减少疾病的发生和传播，资源化利用可实现废弃物处理和资源开发双赢。

羊粪还可以作为蚯蚓的饵料，是大规模生产蚯蚓产品的最佳方法，不需任何投资设备，利用一切空闲地，只要把羊粪做成高 15～20 厘米，宽 1～1.5 米，长度不限的蚯蚓床，放入蚓种，盖上稻草，遮光保湿，就可养殖。

**（三）无害化处理原则**

生产出优质高效的有机肥，山羊粪污中含有各种杂草种子、寄生虫卵、某些化学药物、有毒金属、激素及微生物，其中不乏病原微生物，甚至人畜共患病原，如果不进行有效处理，将对动物和人类健康产生极大的威胁，因此必须先对羊粪污进行无害化处理，才能充分利用。

**二、粪污无害化处理措施**

1. 将种植业、林业、畜牧业、渔业等有机结合，实现生态养殖循环综合利用，落实生态消纳地，当地不能充分消纳山羊粪污的要外运到其他种植地利用。实行互为利用，化害为利，变废为宝，大力发展生态型、环保型农牧业，积极采用生态养殖模式，实现循环利用和可持续发展。

2. 山羊养殖场排泄物收集处理的沉淀池、沼气池要做好防渗防漏措施，防止污染周边的环境。对粪污、尿液及污水进行厌氧发酵处理，产生的沼气可满足生活及部分生产能源，降低生产成本。沼气池大小视山羊养殖规模而定，通常每 40 只圈养羊所需沼气池容积不少于 4 立方米。

3. 实行雨污分离，减少沼气池的处理量，雨水沟分流的雨水直接外排。干粪堆放处必须防雨防渗，并定期清运。堆放处的地面要全部硬化，四周建浸出液收集沟，收集沟与沼气池连通。堆放处容积大小视山羊养殖规模而定，通常每 40 只圈养羊粪污堆放所需容积为 2 立方米。

**三、山羊粪污清理方法**

羊粪相对于其他畜禽粪污而言含水量低，山羊排泄物通常采用机械或人工方法清理固体粪污，很少采用水冲式清粪，因为干粪直接清除，养分损失小。育肥羊场及规模化养羊户的羊舍及运动场中的羊粪大多采用羊出栏后一次性清理方式，由于育肥羊大多在冬春季节饲养，自然铺垫在羊舍地面的羊粪还能起到较好的保温作用。

**（一）人工清粪**

人工清粪即通过人工清理出羊舍地面的固体粪污，人工清粪只需用一些清扫工具、人工清粪车等简单设备即可完成。

羊舍内的固体粪污通过人工清理后，用推车送到储粪设施中暂时存放。该清粪方式的优点是充分利用劳动力资源，减少清粪过程中的用水、用电，设备简单，一次性投资少，还可以做到粪尿分离，便于后面的粪尿处理。缺点是劳动量大，生产效率低。因此这种方式通常只适用于中小型规模养羊场（户）。

**（二）机械清粪**

机械清粪就是利用机械设备替代人工将山羊固体粪污直接清理至羊舍外，将粪污直接输到运粪车上或其他粪污储存设施，机械设备可以做到 24 小时不间断地运行，能时刻保持羊群处在一个清洁环境。

机械刮板清粪是机械清粪的一种，已在部分山羊养殖场使用。机械刮板清粪主要是通过电力驱动由钢丝绳带动刮板形成一个闭合环路，机械刮板清粪装置安装在漏缝地板下的粪槽中，清粪时，在粪槽内来回运转进行自动清粪，运行速度适中且基本没有噪声，将粪槽内的粪污刮到羊舍外污道端的集粪池中，然后再运至粪污储存设施。

机械刮板清粪的优点：能做到 24 小时清粪，刮粪效果好，时刻保持羊舍内环境卫生，机械操作简便，安全可靠，运行成本低，运行过程中基本没有噪声，对羊群的行走、饲喂、休息不会造成负面影响。可以减轻饲养员的劳动强度，节约劳动力，提高功效。

机械刮板清粪的缺点：前期投资较大，钢丝绳、刮粪板和山羊粪尿接触后容易被腐蚀而断裂，维护成本高。

**四、羊粪有机肥的制作**

羊粪是一种速效、微碱性肥料，有机质多，肥效持久，适于各种土壤施用。目前养羊场粪污处理利用主要方式是将山羊粪污制成农作物肥料，即羊粪经传统的填土、垫圈、堆积发酵的方式处理后直接在周边农田林地施用。羊粪还可与经过粉碎的秸秆、生物菌搅拌后，利用生物发酵技术，对羊粪进行发酵，制成优质有机肥。随着对无公害农产品的需求不断增加，对优质商品有机肥料的需求也不断增加，用山羊粪污制作而成的有机肥料具有很大的市场潜力。

### 五、病死羊处理方法

采取深埋、化制、焚烧等方法进行无害化处理，深埋和焚烧要有专用场地，化制和焚烧要有专用设施。病死羊尸体无害化处理是抓好动物疫病防控、保障畜牧业健康发展、畜禽产品质量安全和公共卫生安全的关键措施。病死山羊本身携带有大量病原体，如没有得到规范及时处置，极易造成疫病的传播和扩散蔓延，对养殖业生产造成极大的威胁和重大损失。

在对其进行无害化处理时，要严格按照《病害动物和病害动物产品生物安全处理规程》（GB14568－2006），《病死动物无害化处理技术规范》《病死及死因不明动物处置办法（试行）》的相关规程、规范进行操作处理，病死山羊的无害化处理技术要求非常高，应根据当地的条件采用不同的处理方法，以达到消灭病原体，保护环境和人类公共卫生安全的目的。

#### （一）深埋法

深埋处理病死山羊是一种普遍使用、可靠、简易的方法。

选择在远离居民区、交通要道、水源地、饲养场及放牧区域等设施和场所进行深埋处理，位于主导风向的下方，不影响农业生产，避开公共视野。深埋前应对山羊尸体先用10％漂白粉上清液喷洒作用2小时，进行消毒处理，深度在2米以上，体积大小根据尸体的数量多少而定，下层底部要铺2厘米厚生石灰，病死山羊尸体连同包装物全部投入后，要求埋土不少于1.5米，否则有可能被犬等食肉动物挖出后又抛尸野外。

#### （二）化制法

化制处理病死山羊是一种比较合适的方法。

化制池要求用砖石水泥砌成窖式坑，深度要根据地势而定，一般深度为2～3米，建筑形状类似于壶形，底部大，口部小，口部加盖密封性好的窖盖，窖盖平时落锁，窖内有通气管。窖底撒上10～20厘米的生石灰，病死山羊尸体经消毒后扔入窖内。此法优点在于随时可以将病死山羊尸体扔到窖内，较为方便，且可利用年限较长。缺点在于如果扔入窖内的山羊尸体处理不完善或者密封不好，容易引起疫病的传播。

### (三) 焚烧法

焚烧法费钱费力，但是无害化处理效果好。

将山羊尸体等浇上柴油（不能使用汽油）或其他易燃物，点燃进行焚烧，在必要时要及时添加燃料。此种方式比较方便，投资相对少，但存在燃烧不充分，一些病原微生物不能被完全杀死以及焚烧产生的烟气造成空气污染的缺点。焚烧结束后，掩埋燃烧后的灰烬，表面作消毒处理，填土高于地面，场地周围消毒。

**图书在版编目（ＣＩＰ）数据**

山羊标准化养殖操作手册 / 唐炳，罗冬生，印遇龙主编. -- 长沙 ： 湖南科学技术出版社，2018.5
（畜禽标准化生产流程管理丛书）
ISBN 978-7-5357-9646-2

Ⅰ. ①山… Ⅱ. ①唐… ②罗… ③印… Ⅲ. ①山羊－饲养管理－标准化－技术手册 Ⅳ. ①S827-65

中国版本图书馆 CIP 数据核字(2017)第 316688 号

SHANYANG BIAOZHUNHUA YANGZHI CAOZUO SHOUCE
畜禽标准化生产流程管理丛书
**山羊标准化养殖操作手册**
主　　编：唐　炳　罗冬生　印遇龙
责任编辑：李　丹
出版发行：湖南科学技术出版社
社　　址：长沙市湘雅路 276 号
　　　　　http://www.hnstp.com
邮购联系：本社直销科　0731－84375808
印　　刷：湖南省汇昌印务有限公司
　　　　　（印装质量问题请直接与本厂联系）
厂　　址：长沙市开福区东风路福乐巷 45 号
邮　　编：410003
版　　次：2018 年 5 月第 1 版
印　　次：2018 年 5 月第 1 次印刷
开　　本：710mm×1000mm　1/16
印　　张：8.75
字　　数：130000
书　　号：ISBN 978-7-5357-9646-2
定　　价：30.00 元